KB174974

상대성이론에 이르는 길

The Road To Relativity

상대성이론에 이르는 길

The Road To Relaticity

김기혁 지음

고등학교 수학으로 톺아보는
특수상대론과 일반상대론 그리고 우주론

이담 Books

<상대성이론에 이르는 길>을 시작하며

상대성이론의 세계에 오신 것을 환영합니다.

상대성이론은 17세기 갈릴레이에서 시작하여 뉴턴 역학과 맥스웰 전자기학을 거쳐 20세기 아인슈타인에 이르러 확립된 물리학의 기초 이론이자, 물질과 시공간으로 이루어진 우주를 해석하는 세계관이기도 합니다. 그리고 다시 100여 년이 지난 오늘날에는 GPS의 예처럼 상용기술이 되었을 뿐 아니라 학교에서 교과서로 배우는 과학상식이 되었습니다.

그러나 상대성이론을 이해하는 일은 여전히 어렵습니다. 일찍이 갈릴레이가 '우주라는 책은 수학의 언어로 쓰여 있다'고 한 것처럼 상대성이론 또한 난해한 수학의 성벽으로 둘러싸여 있어 일반인이 쉽게 다가가기 어려운 게 사실이지요. 그렇다고 상대성이론을 수식 없이 개념만으로 이해하려는 것은 처음부터 알맹이는 버린 채 수박 겉핥기만 하는 거나 다름없지요.

<상대성이론에 이르는 길>은 상대론과 우주론의 주요 내용을 고등학교 수준의 수학을 사용하여 좀 더 구체적이고 정량적으로 이해해보

려는 시도입니다. 필요한 것은 고등학교에서 배우는 기하와 벡터, 미적분 기초 그리고 약간의 물리 지식만 있으면 됩니다. 나머지는 여러분의 도전 의지와 상상력입니다.

가벼운 마음으로 상대론의 여정을 오르다 보면, 여러분의 시야는 특수상대론과 일반상대론의 높은 봉우리를 넘어, 어느새 광활한 우주의 대광경으로 향해 있을 것입니다.

자, 이제 출발할까요?

2020년 9월

'1 g'이 의미하는 것

이 세상은 물질로 이루어져 있다. 대지의 산과 강, 우리가 숨 쉬고 있는 공기, 그리고 그 속에서 살아가는 생명체 역시 물질로 이루어져 있다. 그리고 물질은 끊임없이 운동하고 변화한다. 물질로 이루어진 사람의 몸도 태어나 자라나고 살다가 늙어지면 죽음을 맞이한다. 언제나 영원히 빛날 것 같은 밤하늘의 별도, 그 별의 하나인 태양도 언젠가는 수명을 다해 빛을 잃고 스러질 것이다. 물질이 영원하지 않고 끊임없이 변화하는 이유는 무엇인가?

이 세상의 물질은 홀로 고립되어 있지 않다. 밤하늘에 반짝이는 별도 저 홀로 붙박여 있는 듯이 보이지만 주위의 뭇별들을 비롯한 전 우주의 중력을 받으며 운동하고 있다. 더구나 그 별빛을 바라보는 우리 마음에까지 미묘한 파동을 일으키고 있지 않은가! 세상의 모든 물질은 주변 환경과 상호작용하며 에너지를 주고받는다. 물질이 끊임없이 운동하고 변화하는 이유는 주변 물질과 상호작용하며 에너지를 주고받기 때문이다.

산에, 들에 자라나는 초목들을 보자. 지상의 식물들은 태양에서 오는 빛에너지를 이용해 양분을 만들며 자라난다. 바로 **광합성 작용**이다. 또한 사람과 같은 지상의 동물들은 식물이 만든 양분을 먹고 분해하여 생명활동에 필요한 에너지를 얻는 **소화** 작용을 한다. 광합성과 소화 두 과정은 에너지 발생의 측면에서 본다면 서로 역과정이다.

$$\text{이산화탄소} + \text{물} + \text{에너지} \underset{\text{소화}}{\overset{\text{광합성}}{\rightleftarrows}} \text{포도당} + \text{산소}$$

식물은 광합성 과정을 통해 빛에너지를 양분에 저장하고 동물은 이 양분을 섭취하여 생명활동에 필요한 에너지를 얻는다. 결국 지구 생물의 에너지원은 태양인 셈이다. 그렇다면 태양의 저 막대한 에너지는 어디서 생겨나는 것인가?

태양 내부를 들여다보자. 태양은 수소 73%와 헬륨 25%로 이루어져 있다. 태양의 표면온도는 약 6천 도이지만 중심부는 1,500만 도 이상이다. 초고온의 태양 내부에서는 수소와 헬륨이 안정한 원자 상태에 있지 못하고 전자가 뜯겨나간 상태의 수소 이온(양성자 p^+), 헬륨 이온(He^{2+}) 등으로 존재한다. 양성자는 충돌 과정에서 뭉쳐서 헬륨원자핵으로 바뀌고 이 과정에서 엄청난 빛에너지가 나온다.

$$\text{양성자} + \text{전자} \rightarrow \text{헬륨} + \text{빛} + \text{중성미자}$$

$$4p^{+} + 2e^{-} \rightarrow He^{2+} + 6\gamma + 2\nu_{e}$$

가벼운 원소를 뭉쳐 더 무거운 원소를 만드는 과정을 **핵융합**이라 한다. 태양 중심부에서 수소를 뭉쳐 헬륨을 만드는 반응도 핵융합 반응의 일종이다. 수소 원자 4개를 뭉쳐 헬륨 원자핵 1개를 만들 때마다 광자와 중성미자의 형태로 약 27MeV의 에너지가 발생한다. 여기서 1MeV(메가전자볼트)는 전자 1개에 100만 볼트의 전압을 걸어줄 때의 에너지이다. 만일 수소 1g을 헬륨으로 바꾸면, 6,400억 줄, 휘발유 2만 리터에 해당하는 에너지가 나온다.[1] 수소가 헬륨으로 바뀌었을 뿐인데 이렇게 막대한 에너지가 나오는 이유는 무엇일까?

핵융합 반응을 나타내는 위 식에는 중요한 비밀이 있다. 좌변의 물질(양성자, 전자)과 우변의 물질(헬륨, 중성미자)을 저울에 달아 질량을 비교해본다면 어떻게 될까? (매우 정밀한 저울이 있다고 가정한다) 그 결과는 좌우 균형을 이루지 않고 왼쪽으로 기울게 된다는, 다시 말해 핵융합 과정에서 물질의 질량이 감소한다는 것이다. 핵융합 반응에서 질량은 보존되지 않는다! 질량은 어디론가 사라진다!

핵융합 반응 과정에서 사라진 질량은 어디로 갔을까? 그 비밀은 빛에너지에 있다. 사라진 질량만큼 빛에너지가 생겨난 것이다. 이것이 바로 그 유명한 아인슈타인의 공식 $E=mc^2$에서 말하는 **질량-에너지 등가성**이다.

$$E = mc^2 \qquad (c \approx 3\times10^8 \text{ m/s})$$

---

1) 수소 1 g에는 6×10^{23}개의 수소 원자가 있고 수소 원자 4개당 헬륨 원자 1개가 만들어지므로 6×10^{23} 곱하기 27MeV 나누기 4 하면 4×10^{23} MeV이다. 1 MeV는 1.6×10^{-13} J(줄)이므로 4×10^{23} MeV는 6.4×10^{11}J = 640 GJ(기가줄)이다. 한편 1GJ은 가솔린 30리터의 열량에 해당한다.

질량은 물리에서 여러 가지 의미를 갖는다. 뉴턴의 사과에서 질량은 중력에 이끌리는 원인으로서 질량이고 이를 **중력질량**이라고 한다. 또한 뉴턴의 운동 제2법칙, $F = ma$에서 질량은 운동 상태를 유지하려는 성질, 즉 관성의 크기를 나타내며 이를 **관성질량**이라고 한다. 질량의 세 번째 의미는 에너지다. 질량은 에너지의 크기를 의미한다. 물론 질량의 단위는 kg, 에너지는 J로 서로 다르지만 이 둘은 언제든 교환될 수 있다. 마치 원화와 달러가 교환되듯이 말이다. 질량을 에너지로 환산하려면 광속제곱 c^2만 곱해주면 된다. 원자 세계에서는 질량 값을 나타낼 때 질량에 c^2을 곱해 에너지 단위인 eV로 나타내기도 한다. 예를 들어, 전자의 질량은 약 0.5 MeV이고 양성자의 질량은 약 938 MeV이다.

다시 핵융합 반응식으로 돌아가자. 핵융합 반응으로 헬륨 원자 1개가 만들어질 때 발생하는 광자 6개와 중성미자 2개가 가져가는 에너지는 약 27 MeV이다. 이 에너지는 반응 전 양성자 4개가 핵융합이 일어나면서 질량의 일부가 빛에너지와 중성미자로 바뀐 것이다. 비율로는 27 MeV 나누기 (938 MeV × 4개) $\approx$ 0.007, 그러니까 양성자 질량의 0.7 %가 에너지로 전환되었음을 알 수 있다. 자동차 내연기관의 효율이 보통 30 % 정도인 것과 비교하면 매우 적은 비율이라 생각되지만 질량에 c^2이 곱해져서 엄청난 크기의 에너지가 발생한다. 앞서 말했듯 수소 1 g만 헬륨으로 바뀌어도 640 GJ, 휘발유 2만 리터에 해당하는 에너지가 나오는 것이다. 그런데 만일 1 g의 질량이 100 % 그대로 에너지로 바뀐다면,

$$E \approx 0.001\,\mathrm{kg} \times (3 \times 10^8\,\mathrm{m/s})^2 = 90{,}000\,\mathrm{GJ}$$

무려 휘발유 2,700,000리터의 열량에 해당하는 에너지이다. 여기에 잊을 수 없는 역사적인 예가 있다. 1945년 8월 9일 일본 나가사키에 투하된 원자폭탄(별명 Fat Man)의 참상도 바로 플루토늄 6.2 kg이 핵분열하면서 사라진 질량 '1 g'에서 비롯된 것이다.

핵반응 과정에서 질량의 일부가 막대한 에너지로 전환된다는 것을 알았다. 그렇지만 $E = mc^2$ 공식은 핵반응 등 특별한 경우에만 적용되는 게 아닐까? 우리가 사는 일상생활과는 전혀 무관하지 않을까? 다시 생명활동의 반응식, 광합성 식을 자세히 써보자.

$$6\,CO_2 \;+\; 6\,H_2O \;+\; \Delta E \;\rightleftarrows\; C_6H_{12}O_6 \;+\; 6\,O_2$$

광합성 반응에서 좌변 ΔE의 값은 2,881 kJ/mol 이다. 포도당 1몰을 합성하기 위해 필요한 빛에너지가 2,881kJ이라는 것이다. 광합성이 일어난 뒤 이 에너지는 어떻게 되었을까? 이 경우에도 좌변과 우변의 질량을 비교하면 매우 미세하지만 차이가 날 것이다. 질량-에너지 등가성이 맞는다면 좌변에서 에너지가 더해진 만큼 우변 물질의 총질량은 아주 조금이라도 증가해야 한다. 포도당이 만들어지면서 증가한 질량은 $E = mc^2$에 따라 추가된 빛에너지 2,881 kJ을 광속 제곱으로 나누어 3×10^{-8} g을 얻는다. 반응 후에 생긴 포도당과 산소 질량 372 g의 100억 분의 1(0.1 ppb)도 안 되는 매우 작은 값이다. 수소 핵융합 반응에서의 질량비 0.7 %와 비교해도 아주 적은 비율이지만 광합성 과정과 같은 생화학반응에서도 $E = mc^2$은 언제나 성립한다. 우리가 밥 먹고 소화하는 과정에서도 물론이다.

물질은 끊임없이 변화한다. 에너지의 모습도 끊임없이 변화한다. 우리 눈에 보이는 물체의 질량도 에너지의 한 형태일 뿐이다. 에너지를 주고받으며 끊임없이 변화하는 삼라만상의 광경, 이것이 물리의 세계, 상대성이론의 세계다.

차례

#01

잔잔한 강물에서

갈릴레이는 노을이 비치는 강물을 바라보고 있다. 강물은 저녁 해가 투사하는 강렬한 붉은빛에도 아랑곳없이 잔잔하게 흘러가고 있다. 강물을 바라보고 있노라니 모든 사물은 정지하고 오로지 시간만이 이 세계의 존재를 지탱하는 것 같았다.

그때, 강 상류 쪽에 작은 배 한 척이 보였다. 배는 강물의 흐름에 온전히 자신을 맡기고 천천히 떠내려가는 중이다. 자세히 보니 배에는 늙은 사공이 타고 있다. 갈릴레이는 손을 흔들었다. 사공도 손을 들어 화답하였다. 순간, 갈릴레이 머릿속에는 어떤 생각이 떠올랐다.

「…나는 저 사공이 배를 타고 흘러간다고 생각하지만, 저 사공은 반대로 자신은 정지해 있고 나와 내가 서 있는 강둑이 뒤로 지나간다고 생각할 것이다. 게다가 여기 강둑에 있는 이 몸에 심장이 뛰고 피가 돌 듯이, 저 사공의 몸에서도 똑같은 물리법칙으로 피가 돌 것이다. 강둑에서나 흐르는 강물 위의 배에서나 달라질 것은 없다. 다만 서로가 자신은 정지 상태라 여기고 다른 이가 움직인다고 생각할 뿐.」

운동의 상대성

위 상황에서 갈릴레이와 뱃사공은 서로 일정한 속도로 움직이는 등속도운동 관계에 있습니다. 이때 갈릴레이와 뱃사공 가운데 정말로 움직이는 사람이 누구인지는 누구도 단정할 수 없습니다. 강둑에서 보면 강물과 뱃사공이 움직이는 것이고 흐르는 강물에서 보면 강둑과 갈릴레이가 움직이는 것으로 보입니다. 이와 같이 어떤 물체가 정지 상태인지 운동 상태인지의 구분은 절대적으로 정해지는 것이 아니며 기준에 따라 달라진다는 것을 **운동의 상대성**이라 합니다. 단, 정지 상태와 구별될 수 없는 운동 상태는 등속도운동에 국한됩니다(가속운동 상태는 구별될 수 있다고 생각합니다). 등속도운동 관계에 있는 관찰자들이 기준이 되는 좌표계를 관성기준계 또는 간단히 관성계라고 합니다. 위 상황에서는 강둑에 정지해 있는 갈릴레이의 좌표계, 일정하게 흐르는 강물을 따라 움직이는 뱃사공의 좌표계 모두 관성계에 해당합니다.

관성의 법칙(운동 제1법칙)

관성은 물체가 처음의 정지 상태 또는 운동 상태를 계속 유지하려는 성질을 의미합니다. 정지한 물체가 움직이려면 운동을 일으키는 원인이 될 만한 작용, 즉 힘이 작용해야 합니다. 아무런 작용이 없다면 원래의 정지 상태를 유지하는 것이 당연하다고 할 수 있겠지요. 그런데 운동의 상대성을 생각하면 정지와 등속도운동 상태는 서로 구별할 수 없는 동등한 상태입니다. 따라서 정지 상태를 유지하려는 것과 마찬가지로 등속도운동 상태를 유지하려는 성질도 마찬가지로 성립합니다.[2]

따라서 **물체에 힘이 작용하지 않을 때** 물체는 정지 또는 등속도운동 상태에 있게 됩니다. 바로 **관성의 법칙**입니다. 여기서 유의할 점은, 물체에 힘이 작용하는가, 작용하지 않는가를 판단할 수 있는 기준으로서 **관성계를 정의**하고 있다는 것입니다. 관성계에서 볼 때 어떤 물체의 속도가 일정하면 물체에 힘이 작용하지 않는 것이고 속도가 달라지면 힘이 작용하고 있는 것입니다. 그런 이유로 뉴턴은 그의 책 <프린키피아(1687)>에서 힘의 작용을 설명한 힘과 가속도의 법칙(2법칙), 작용반작용의 법칙(3법칙)에 앞서, 힘의 작용 여부를 판단하는 기준으로 운동 제1법칙 관성의 법칙을 제시한 것이지요.[3]

---

2) 아리스토텔레스(B.C. 384-322)는 물체가 운동을 지속하기 위해서는 추가적인 힘이 계속 작용해야 되며, 그렇지 않으면 곧 정지한다고 생각했다. 이는 지상에서 운동하는 물체가 대개 마찰력이나 저항력을 받는 것을 절대시했기 때문이다. 이에 반하여 갈릴레이(1564-1642)는 사고실험을 통하여 만일 마찰력이나 저항력이 없다면 추가적인 힘이 없이도 물체의 운동이 지속될 수 있다고 생각했다. 더 나아가, 관성운동은 관찰자의 상대운동에 따른 것이므로 물체 자체와는 무관하며 따라서 운동의 원인(힘)이 필요 없는 '자연스러운' 상태라고 생각했다.

3) 뉴턴(1642-1727)에 앞서 관성의 법칙을 중요하게 언급한 사람은 갈릴레이로 알려져 있다. 다만, 갈릴레이는 지동설을 주장하는 과정에서 등속원운동을 관성운동의 일종으로 생각했다. 이후 뉴턴에 의해 원운동은 속도의 방향이 끊임없이 바뀌므로 가속운동이며 관성운동은 등속직선운동만 해당되는 것으로 수정된다.

힘과 가속도의 법칙(운동 제2법칙)

물체의 운동 상태(속도)를 변화시키려면 외부에서 힘을 가해야 합니다. 속도의 변화는 두 가지가 있습니다. 속도의 크기(속력)가 달라지는 것 또는 속도의 방향이 달라지는 것이지요. 이때 속도가 달라지는 정도, 즉 가속도의 크기는 작용한 힘의 크기에 비례하고 물체의 질량에 반비례합니다. 바로 $F = ma$, **힘과 가속도의 법칙**입니다. 카트를 밀 때 카트에 실린 짐이 많을수록, 즉 질량이 클수록 더 큰 힘이 필요합니다. 이런 의미에서 질량은 관성의 크기가 되며 특별히 **관성 질량**이라고 합니다. 다른 한편 질량(mass)이란 물질의 양에 다름 아니지요. 따라서 관성이 크다는 것은 결국 가속시켜야 할 물질의 양이 많다는 의미가 됩니다. 그렇지만 물리학에서 질량의 의미는 이게 전부가 아닙니다. 질량은 에너지가 되기도 하고 시공간을 휘게 하여 중력을 일으키기도 하지요. 특히 상대성이론에서 질량은 시공간과 더불어 가장 핵심적인 탐구 대상의 하나입니다. 이에 대해서는 앞으로 계속 살펴보기로 합니다.

작용반작용의 법칙(운동 제3법칙)

앞서 운동 1, 2법칙이 한 물체의 운동을 다룬 것이라면 운동 3법칙은 두 물체 사이의 힘의 작용, 바로 **상호작용**의 법칙을 밝힌 것입니다.

두 물체 사이에 힘이 작용할 때, A가 B에 작용하는 힘이 있으면 B가 A에 작용하는 힘도 있으며 두 힘의 크기는 같고 방향은 반대입니다. 예를 들어 미끄러운 얼음판 위에서 돌이가 순이를 끌어당기면 순이도 돌이를 끌어당기게 되며 그 결과로 돌이와 순이는 가까워지게 되지요. 이때 가속되는 정도는 서로 작용하는 힘의 크기는 같으므로 운동 2법칙에 따라 각자의 질량에 반비례합니다.

작용반작용 법칙의 가장 중요한 결과는 두 물체 사이에 작용하는 힘만으로는 두 물체 전체의 질량중심은 가속될 수는 없다는 것입니다. 작용반작용 관계에 있는 두 힘은 상쇄되기 때문이지요. 얼음판 위에서 돌이와 순이가 서로 잡아당길 때 서로는 가속되어 가까워지지만 두 사람의 질량중심은 가속되지 않고 그대로(정지 또는 등속도운동 상태로) 있게 됩니다. 따라서 어떤 물체 계(여러 물체의 모임)가 가속되기 위해서는 반드시 외부에서 작용하는 힘, 바로 **외력**이 필요합니다. 운동 2법칙에서 물체를 가속시키는 힘 또한 물체 내부의 상호작용이 아니라 외력을 의미하지요.

겉보기힘

운동 3법칙에 따르면, 물체들 사이에 힘이 작용할 때는 반드시 작용반작용 관계에 있는 두 힘이 짝으로 나타납니다. 그렇지 않은 경우도 있을까요? 예를 들어 버스가 커브 길을 돌 때 버스 안의 사람은 원심력을 느끼지요. 그런데 원심력은 누가 작용한 것일까요? 원심력에 대한 반작용은 무엇일까요?

사실 원심력은 두 물체 사이에 작용하는 실제 힘이 아닙니다. 버스가 왼쪽으로 회전하고 있기 때문에 승객이 상대적으로 오른쪽으로 쏠리면서 힘을 받는 것처럼 보이는 것이지요. 이처럼 관찰자가 가속운동하기 때문에 또 다른 힘이 작용하는 것처럼 보이는 효과를 **겉보기힘** 또는 **관성력**이라고 합니다. 운동 2법칙 $F = ma$를 적용할 때는 관찰자를 반드시 관성계로 하여, 겉보기힘의 효과를 배제하고 힘 F가 실제 힘만 나타내도록 해야 합니다. 그러나 실제 상황에서는 실제 힘과 겉보기힘을 구별하기가 쉽지 않지요. 이런 경우 관련된 힘이 작용반작용 법칙을 만족하는지 살펴봐야 합니다. 겉보기힘은 두 물체 사이의 상호작용이 아니므로 작용반작용 법칙이 성립하지 않지요. 겉보기힘은 관찰자의 운동 상태에 따라 생겨나기도 하고 없어지기도 하므로 상대성이론, 특히 중력을 다루는 일반상대성이론에서 매우 중요한 문제가 됩니다.

#02

잔잔한 강물에 파문이 일 때

고요한 연못에서 소금쟁이가 경공(輕功)을 선보인다. 솜털 같은 발이 수면을 스칠 때마다 물 위에는 동그라미가 만들어진다. 동그라미는 소금쟁이의 움직임을 알리는 전령처럼 수면 위로 빠르게 퍼져나간다.

갈릴레이는 흐르는 강물을 바라보고 있다. 잔잔히 흐르는 강물에 돌을 던진다면, 하고 생각했을 때였다. 배 위의 사공이 낚싯대를 휘두르는 모습이 보였다. 추가 포물선을 그리며 힘차게 날아가 강물에 떨어졌다. 강물에는 파문이 일었다.

구면파

고요한 호수에 돌을 던지면 원 모양의 수면파가 생깁니다. 수면에서는 원 모양이지만 메아리처럼 3차원으로 퍼져나가는 경우를 포함하여 구면파라 하지요. **구면파**는 매질이 균일하고 등방적일 때 모든 방향으로 같은 속력으로 전파되는 파동입니다.

고요한 호수에 돌멩이가 떨어져 전파속력 u로 퍼져나가는 2차원 구면파(원파)가 있습니다. 이 파동을 식으로 나타내봅시다. 수면을 x-y평면이라 할 때 돌멩이가 떨어진 위치를 원점(0,0), 그 시간을 $t=0$이라 하고 조금 뒤 시간 t일 때 퍼져나간 파면의 한 지점의 좌표를 $\vec{r} = (x,y)$이라 놓지요. 그러면 원점에서 파면까지 거리는 $r = \sqrt{x^2+y^2}$이고 또한 이 거리는 파면이 u의 속력으로 시간 t 동안 이동한 거리이므로 $r=ut$입니다.

$$x^2 + y^2 = r^2, \qquad r = ut \tag{1}$$

만일 고요한 호수가 아니라, 흐르는 강물 위라면 어떻게 될까요? 수면파가 퍼져나갈 때 강물의 흐름까지 더해져 왠지 복잡해질 것 같습니다. 이럴 때 좋은 방법이 있습니다. 관점을 바꿔보는 것이지요. 이 상황을 강물과 함께 흘러가는 배 위의 사공이 본다면 어떻게 보일까요? 강물과 똑같은 속도로 떠내려가는 배에서 볼 때는 흐르는 강물로 보이는 것이 아니라 잔잔한 호수로 보일 것입니다! 따라서 배 위의 사공이 파면의 한 지점 $\vec{r}' = (x', y')$를 바라볼 때 (1)과 마찬가지로 구면파

식이 성립합니다.

$$x'^2 + y'^2 = r'^2, \qquad r' = ut' \qquad (2)$$

여기서 강둑에서의 시간 t과 배 위에서의 시간 t'는 같다고 가정합니다. 시간이 언제 어디서든 관찰자와 무관하게 일정하게 흐른다는 생각을 **절대시간**이라 합니다. 또한 공간은 평평하고 무한히 뻗어 있다고 생각하는 것을 **절대공간**이라 합니다. 절대시간과 절대공간의 개념은 뉴턴 역학의 기본 가정이지요.

이제 강둑에 앉아 있는 갈릴레이가 보는 좌표 $\vec{r} = (x, y)$와 뱃사공이 보는 좌표 $\vec{r}' = (x', y')$를 비교해봅시다. 갈릴레이가 볼 때 뱃사공은 강물을 따라(+x축 방향) 속력 v로 움직이고 있지요. 따라서 갈릴레이와 뱃사공은 시간 t일 때 강물이 흘러간 거리 vt만큼 거리 차이가 있으므로 $x - x' = vt$입니다. 한편 강물 흐름에 수직한 방향(y축 방향)의 거리(예를 들어 건너편 강둑까지의 거리)는 갈릴레이나 뱃사공이나 일정하게 유지되지요($y = y'$). 따라서 갈릴레이가 보는 좌표 $\vec{r} = (x, y)$와 뱃사공이 보는 좌표 $\vec{r}' = (x', y')$ 사이에는 다음 식이 성립합니다.

$$\begin{aligned} x' &= x - vt, \\ y' &= y \end{aligned} \qquad \text{또는} \qquad \vec{r}' = \vec{r} - \vec{v}t \qquad (3)$$

이제 (3)을 (2)에 대입하면 강둑에서 갈릴레이가 본 수면파의 방정식을 얻을 수 있습니다.

$$(x - vt)^2 + y^2 = u^2t^2 \qquad (4)$$

위 식을 보면, 강둑에서 보는 수면파는 파원으로부터 u의 속력으로 퍼져나가는 구면파가 강물 흐름에 따라 x축 방향으로 일정한 속력 v로 이동하는 꼴로 표현됨을 알 수 있습니다[그림 1].

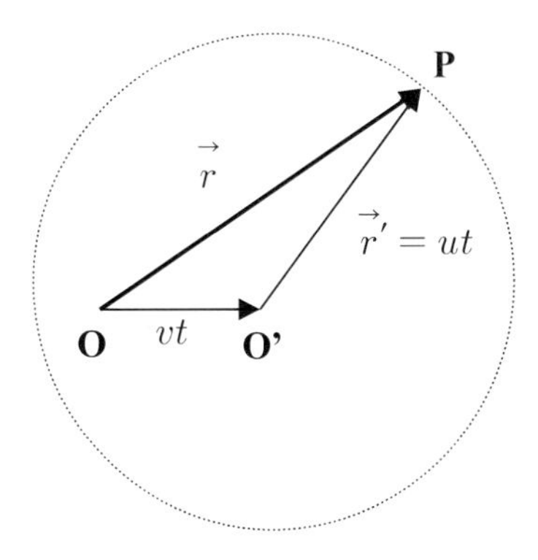

그림 1. O와 O'에서 본 파면의 한 점 P

갈릴레이 변환

앞에서 (3)은 서로 등속도운동하는 두 관찰자의 기준계, 즉 두 관성계 사이에서 성립하는 식으로, 절대시간의 정의 $t' = t$를 포함하여 **갈릴레이 변환**이라고 합니다. 갈릴레이 변환은 뉴턴 역학에 담겨 있는 상대론입니다. 일반적으로 3차원의 경우를 나타내면 다음과 같습니다.

$$
\begin{aligned}
x' &= x - vt \\
y' &= y \\
z' &= z \\
t' &= t.
\end{aligned}
\qquad (5)
$$

위 식에 보면 두 관찰자의 상대운동이 일어나는 방향의 좌표(x축)만 달라지고 나머지 좌표는 시간을 포함하여 그대로인 것을 알 수 있습니다. 두 관찰자가 보는 물체의 속도는 어떻게 될까요? 속도는 위치를 시간으로 미분하여(나누어) 구합니다. (5)의 양변을 시간 t로 미분하면 다음 식을 얻습니다.

$$
\begin{aligned}
V'_x &= V_x - v \\
V'_y &= V_y \\
V'_z &= V_z
\end{aligned}
\qquad \text{또는} \qquad \vec{V}' = \vec{V} - \vec{v} \qquad (6\text{-}1)
$$

이를 **갈릴레이 상대속도** 공식이라고도 합니다. 정지한 관찰자가 보는 물체의 속도가 $\vec{V}$일 때 $\vec{v}$로 움직이는 관찰자가 보는 물체의 상대속도 $\vec{V}'$는 $\vec{V}$에서 관찰자 자신의 속도 $\vec{v}$를 뺀 값이 됩니다.

갈릴레이 변환과 운동 제2법칙의 관계

이번에는 두 관성계의 관찰자가 보는 물체의 가속도에 대해 알아봅시다. 가속도는 어떤 시간 동안의 속도의 변화량입니다. 상대속도 공식 (6-1)을 시간으로 한 번 더 미분하면 가속도 식을 얻습니다.

$$\vec{a}\,' = \frac{d\vec{V}'}{dt} = \frac{d\vec{V}}{dt} - \frac{d\vec{v}}{dt} = \vec{a} \qquad (6\text{-}2)$$

결국 두 관찰자가 보는 가속도는 $\vec{a}\,' = \vec{a}$로 같아짐을 알 수 있습니다(여기서 $\vec{v}$는 일정하므로 $\frac{d\vec{v}}{dt} = 0$임). 따라서 운동 2법칙 $\vec{f} = m\vec{a}$는 두 관찰자에게 똑같은 식이 됩니다. 즉, 뉴턴의 운동방정식은 갈릴레이 변환에 대해 불변입니다.

운동방정식이 불변이라는 것이 물리적으로 어떤 의미가 있을까요? 예를 들어 강물에 돌멩이가 떨어질 때, 강둑의 정지한 관찰자나 등속도로 움직이는 배 위의 관찰자나 모두 똑같은 가속도와 같은 힘을 측정하게 됩니다. 다시 말해 두 관찰자는 돌멩이가 떨어지는 것을 보면서, '돌멩이가 지구 중력에 의해 일정한 가속도로 낙하하는군!' 하고 같은 해석을 하게 됩니다. 이렇게 하여 뉴턴의 운동 법칙은 모든 관성계에서 똑같이 적용되는 보편성을 가지게 됩니다.

'물리 법칙은 관찰자와 무관하게 성립해야 한다'라는 것을 **상대성원**

리라고 합니다. 뉴턴 역학은 갈릴레이 변환을 통해 상대성원리를 만족하고 있습니다.

[상대론으로 배우는 수학 1]

✧ 벡터: 위치 나타내기

어떤 기준점 O에서 본 물체의 위치 P는 기준점에서 물체 위치까지 직선으로 뻗어가는 화살표 $\overrightarrow{OP}$로 나타낼 수 있으며 이때 $\overrightarrow{OP}$는 크기(r)와 방향(θ)을 갖는다. 이와 같이 크기와 방향을 갖는 양을 **벡터**라고 한다. 벡터는 기준점을 원점으로 하는 좌표계를 잡아 $\vec{r} = (x,y)$와 같이 끝점의 좌표로 나타낼 수도 있다.

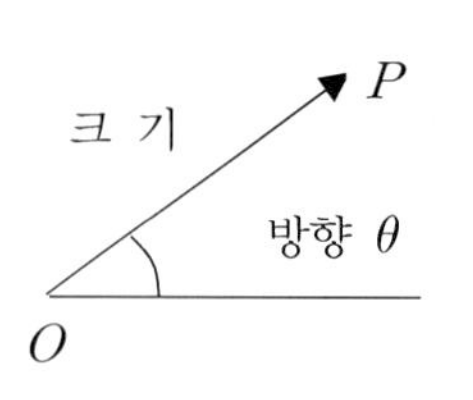

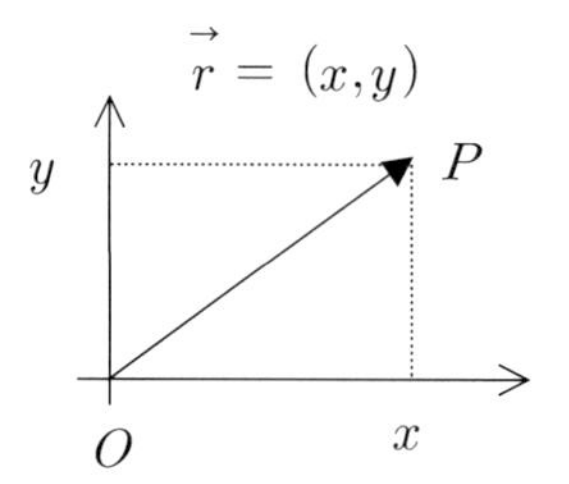

✧ 위치의 상대성

물체의 위치는 기준점에 따라 달라진다. 만일 원점으로부터 $\vec{r} = (x,y)$에 위치한 물체를 원점으로부터 $\vec{d} = (d_1,d_2)$만큼 떨어진 관찰자가 보면 그 위치가 $\vec{r}\,' = (x-d_1,\ y-d_2)$로 달라진다. 이를 벡터 식으로 나타내면 $\vec{r}\,' = \vec{r} - \vec{d}$ 또는 $\vec{r} = \vec{r}\,' + \vec{d}$이다.

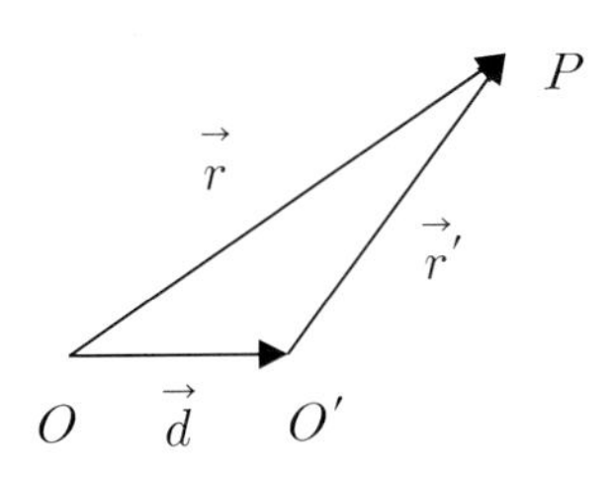

✧ 속도의 상대성: 갈릴레이 속도 변환

속도는 시간 t에 따른 위치 $\vec{r}$의 변화량으로, 크기와 방향을 갖는 벡터이다. 물체의 상대적 위치가 관찰자에 따라 달라지듯, 물체의 속도 또한 관찰자에 따라 달라진다. O에서 본 물체의 속도 $\frac{d\vec{r}}{dt} = \vec{V}$일 때, O로부터 $\vec{u}$로 멀어지는 관찰자 O'가 보는 물체의 속도는 $\vec{V}' = \vec{V} - \vec{u}$와 같이 달라진다. 이를 **갈릴레이 속도 변환**이라 한다.

#03

빛을 더 빠르게 보낼 수 있을까?

소년은 페널티 라인 앞에 섰다. 등 뒤의 수많은 눈들이 숨을 죽이고 자신을 지켜보고 있는 것을 느낄 수 있었다. 소년은 천천히 뒷걸음을 하며 일곱을 셌다.

속도의 상대성

축구에서 골킥이나 페널티킥을 찰 때 선수들은 뒤로 물러서서 도움닫기를 하여 공을 차지요. 이렇게 하면 공을 차기 전에 선수가 달려온 속도가 발을 스윙하여 공을 차는 속도에 더해져 공이 더 큰 속력으로 날아가게 됩니다. 바로 갈릴레이 변환 (6)에 따른 속도의 상대성입니다. 속력 v로 달리는 차에서 전방으로 V의 속력으로 총알을 발사하면 지면에서 볼 때 총알의 속력은 $V+v$가 됩니다. 만일 후방으로 총알을 발사한다면 그 속력은 $V-v$가 되겠지요.

그런데 소리의 경우라면 어떨까요? 공기 중에서 소리의 속력을 V

라고 할 때, 속력 v로 달리는 차에서 경적을 울리면 경적 소리가 전방으로 $V+v$의 속력으로 전파되나요? 그러지는 않지요. 공기 중에서 소리가 전파될 때 그 속력은 음원(스피커)의 속도와 관계없이 모든 방향으로 일정한 속력으로 전파됩니다. 단, 바람은 없다고 가정할 때입니다. 잔잔한 호수에 돌멩이가 떨어져 수면파가 퍼져나가는 경우에도 마찬가지입니다. 수면파의 속력은 돌멩이가 떨어지는 속도와 무관하고 잔잔한 수면에 대해서 일정한 값을 가집니다. 앞서 축구공이나 총알의 경우와 소리 또는 수면파의 경우가 어째서 다를까요?

음파나 수면파처럼 매질의 진동을 통해 전파되는 파동을 탄성파라고 하지요. **탄성파의 전파 속력은 매질을 기준**으로 정해집니다. 예를 들어 공기 중에서 음속은 약 340m/s입니다. 이것은 음원의 속도와 무관하며 정지된 공기 덩어리(기단)를 기준으로 한 값입니다. 만약 바람이 불거나 관찰자가 움직이거나 하여 관찰자가 기단에 대해 움직이는 경우에는 기단에 대한 관찰자의 상대속도를 고려해야 합니다. 이는 지면에서 본 총알의 속도를 구할 때 총알이 발사된 총의 속도(즉, 차의 속도)를 고려하는 것과 마찬가지입니다.

다시 정리해봅시다. 달리는 차에서 총알을 발사할 때 지면에서 본 총알의 속도는 지면에서 본 차의 속도에 차에서 본 총알 속도가 더해집니다. 즉, $\vec{v}_{\text{지면}\to\text{총알}} = \vec{v}_{\text{지면}\to\text{차}} + \vec{v}_{\text{차}\to\text{총알}}$입니다. 마찬가지로 지면에서 잰 소리의 속도는 지면 기준 기단의 속도에 기단 기준 소리의 속도를 더한 값, 즉 $\vec{v}_{\text{지면}\to\text{소리}} = \vec{v}_{\text{지면}\to\text{기단}} + \vec{v}_{\text{기단}\to\text{소리}}$입니다. 총알이 날아가는 물체의 운동은 물론, 소리와 같은 파동의 전파에서도 갈릴레이 변환은 마찬가지로 성립합니다.

광속의 상대성?

앞에서 음속은 매질을 기준으로 정해진다는 것을 알았습니다. 따라서 **매질에 대해** 관찰자가 움직이면 음속은 달라집니다. 소리가 나는 방향으로 가까워지거나 멀어지게 되면 음속은 증가 또는 감소하게 됩니다. 빛의 경우에는 어떻게 될까요? 빛의 속력도 소리처럼 관찰자 운동에 따라 증가하거나 감소하게 될까요?

그런데 빛은 탄성파와 중요한 차이가 있지요. 빛은 탄성파처럼 매질을 통해 전파하기도 하지만 아무 물질이 없는 진공에서도 전파된다는 점입니다. 지상에 쏟아지는 햇빛이 바로 그 증거입니다. 햇빛은 태양과 지구 사이 무려 1억 5천만 km의 진공을 통과하여 우리에게 도달한 것이지요. 이때 빛의 속력이 바로 진공에서의 광속 c로 299,792,458 m/s, 흔히 약 30만 km/s라고 하지요.

빛이 진공이 아니라 물질을 통과할 때는 물질과 상호작용으로 진공보다 느려집니다. 그 값을 $\frac{c}{n}$로 나타내기도 하는데 여기서 n은 물질의 굴절률로, 1보다 큰 값입니다. 예를 들어 물의 굴절률은 1.33, 유리는 1.5, 공기는 약 1.003입니다. 진공의 굴절률은 물론 1이지요.

매질에서의 광속은 탄성파의 경우와 마찬가지로 매질을 기준으로 정해진 값입니다. 따라서 매질에 대해 관찰자가 움직이면 광속 또한 그 방향에 따라 증가하거나 감소합니다. 예를 들어 1851년에 프랑스 물리학자 피조(Fizeau)가 한 실험이 유명하지요[그림 2]. 흐르는 물에서의 광속을 측정한 실험입니다. 빛이 흐르는 물을 따라 진행하면 밖에서 볼 때 속력이 증가된 것으로 보이고 반대로 빛이 물의 흐름을 거슬러 올라가면 속력이 감소하게 되지요. 이 결과는 흐르는 강물에서 수면파가 퍼져나갈 때의 상황과 다를 것이 없어 보입니다.

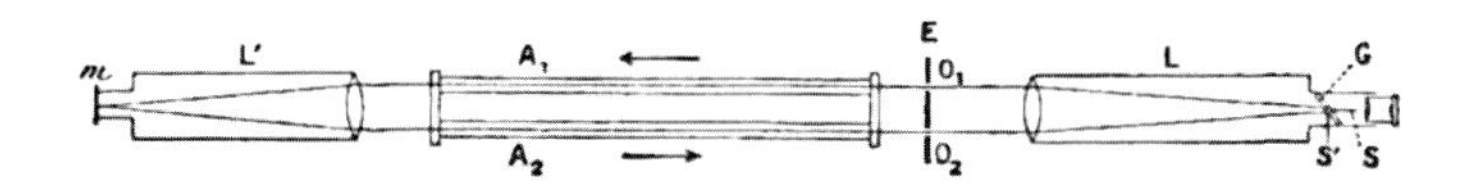

빛이 S에서 나와 두 갈래로 진행한다. 하나는 A1을 거쳐 A2로 진행하고 또 하나는 반대로 진행한다. A1과 A2에는 화살표 방향으로 물이 흐른다.

그림 2. 피조의 광속 측정 실험

자, 그럼 진공에서는 어떻게 될까요? 진공에서도 관찰자의 운동에 따라 광속이 상대적으로 달라질까요? 여기서 중요한 의문이 제기됩니다. 앞서 매질에서의 광속은 매질이 기준이 되었지만 진공에서는 무엇이 기준이 되어야 할까요? 진공 자체가 아무것도 없는 텅 빈 공간인데 말이지요.

그 답은 실험에서 찾을 수밖에 없습니다. 동일한 빛의 전파를 상대운동 하는 두 관찰자가 볼 때 광속이 어떻게 달라질지 측정해보는 것입니다.

마이컬슨-몰리 실험

1887년에 미국의 물리학자 앨버트 마이컬슨과 에드워드 몰리가 한 실험입니다. **관찰자의 상대운동에 따라 빛의 속력이 어떻게 달라지는지** 알아보려는 것이지요. 그런데 빛의 상대속도를 측정하는 일은 쉽지 않습니다. 첫째, 빛의 속력이 워낙 빠르기 때문에 매우 정밀한 (또는 매우 거대한) 실험 장치가 필요합니다.[4] 둘째, 광속이 워낙 빠른 만큼 관찰자의 상대운동이 눈에 띄는 효과로 나타나려면 관찰자의 상대속력도 매우 빨라야 합니다.

첫 번째 문제를 해결한 방법은 간섭계라는 실험 장치입니다. 간섭 현상은 두 파동이 중첩될 때 각 파동의 위상(골과 마루 등) 차이에 따라 강해지거나 약해지는 현상을 말합니다. 두 자의 눈금을 조금 어긋나게 겹쳤을 때 나타나는 무아레(Moire) 무늬도 바로 간섭 현상의 일종이지요. 빛도 파동으로서 간섭 현상이 나타납니다. 두 광선이 같은 위상으로 출발했더라도 도중에 시간 차이나 경로 차이가 생기면 두 광선이 합쳐졌을 때 위상차에 따른 간섭무늬가 발생하게 됩니다. 간섭무늬는 1/2파장 정도의 경로 차이만 있어도 나타나기 때문에 빛의 한 파장 정도의 매우 짧은 길이나 시간의 차이도 정확히 측정할 수 있지요. 앞서 피조 광속 측정 실험도 간섭 현상을 이용한 것이지요.

두 번째 문제는 어떻게 해결할 수 있었을까요? 바로 지구의 운동을

4) 매우 큰 값의 광속을 정밀하게 측정하기 위해서는 '속력=거리/시간'이므로 매우 큰 거리에서 측정하거나 매우 짧은 시간을 정밀하게 측정할 수 있어야 한다. 1676년 덴마크 천문학자 뢰머가 한 측정이 바로 앞의 방법에 해당한다. 뢰머는 목성의 위성 이오(Io)의 월식 주기가 지구의 공전 위치에 따라 달라지는 것을 보고 광속을 구하였는데 그 값은 약 22만km/s였다.

이용하는 것입니다. 지구의 공전 속력은 약 30 km/s로 당시로서는 인간이 만든 어떤 물체보다도 빠른 속력입니다. 빛의 속력 30만 km/s와 비교하면 만분의 일밖에 안 되지만 이 정도는 정밀한 간섭 장치를 이용하면 충분히 측정할 수 있는 값입니다.

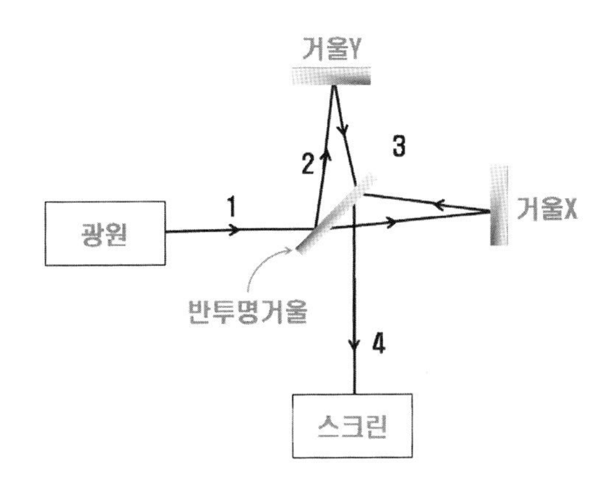

그림 3. 마이컬슨 간섭 장치

이제 마이컬슨이 사용한 방법을 알아봅시다[그림 3]. 일정한 파장의 광선을 반투명거울을 이용하여 수직한 두 방향 X, Y로 진행하게 합니다. 두 광선은 일정한 거리를 지나 거울에서 반사된 뒤, 스크린에서 다시 만나 간섭무늬를 일으킵니다. 만일 두 빛이 지나온 거리가 같다면 위상차가 없으므로 스크린에는 밝은 무늬가 나타날 것입니다. 이는 간섭계가 정지해 있다고 가정할 때입니다. 만약 간섭계 전체가 한쪽 방향으로 움직이고 있는 상황이라면 어떻게 될까요? 간섭계의 운동에 따라 빛이 진행하는 거리나 속력이 달라지지 않을까요?

실제 마이컬슨 실험에서 간섭계는 실험실에 고정된 채였지요. 그렇지만 지구가 공전운동을 하고 있으므로 간섭계는 엄청난 속도로 (30km/s) 움직이고 있는 상황입니다. 게다가 자전운동까지 고려하면 간섭계의 운동 방향은 하루에 대략 한 번씩 바뀌게 됩니다. 이를 고려하면 간섭무늬는 12시간 주기로 달라질 것이라 예상했습니다.[5] 결과는 어땠을까요?

놀랍게도 간섭무늬의 변화는 전혀 나타나지 않았습니다!

간섭계의 축이 어느 방향을 향하더라도, 공전운동 방향과 나란하거나 수직하거나 관계없이 빛이 스크린에 도달하는 데 걸린 시간은 달라지지 않은 것이지요. **빛의 속력은 관찰자의 상대운동에 관계없이 언제나 일정했습니다!** 바로 **광속 일정의 원리**입니다.

역사상 가장 위대한 실패(?)한 실험

원래 마이컬슨-몰리 실험의 목적은 지구 공전운동에 따른 광속의 달라짐을 측정하는 것이었습니다. 당시 간섭계의 경로는 총 11m였고 공전운동 속력 30km/s가 광속의 만분의 일 정도라고 볼 때 간섭계를 90도 회전했을 때 예상되는 간섭무늬 이동은 약 220nm이었습니다.[6] 이는 나트륨등 불빛(파장$\approx$ 590nm)으로 약 0.4파장에 해당하지요. 그

5) 간섭계의 한 축이 처음에 동서 방향으로 정렬되어 있다고 하면, 이 축은 하루에 두 번(정오와 자정) 공전 방향과 나란하게 되며 이때 위상차가 최대가 될 것이라 예상할 수 있다.

6) 거리 L을 각각 $c+v$, $c-v$의 속력으로 왕복할 때 걸리는 시간은 $\frac{L}{c+v}+\frac{L}{c-v}=\frac{2L}{c(1-\beta^2)}$이다($\beta\equiv\frac{v}{c}$). 일정한 속력 c로 왕복하는 시간 $\frac{2L}{c}$와 차이는 약 $\frac{2L}{c}\beta^2$이고 빛의 진행 거리로는 $2L\beta^2\approx 2\times 11\mathrm{m}\times(10^{-4})^2=220\mathrm{nm}$.

러나 관측된 간섭무늬의 차이는 0.01파장 이하로 무시될 정도였지요. 지구 공전운동에 따른 빛의 상대속력은 관측할 수 없었습니다. 실험의 목적을 이루지 못한 마이컬슨은 실망했지만 낙담하지 않고 실험 장치를 개선하여 더욱더 정밀한 실험으로 도전하였고 그 결실은 광속의 정밀한 측정으로 나아가게 되었지요. 1907년 마이컬슨은 노벨물리학상을 받게 됩니다. 수상 이유는 '빛의 상대속력 관측'이 아닌, 광속의 정밀 측정에 대한 업적이었습니다.

이렇게 1887년의 마이컬슨 실험은 많은 논란만 일으킨 채 잊혀가는 듯했습니다. 그러나 마이컬슨이 노벨상을 받기 바로 2년 전, 20년 가까이 묵은 마이컬슨 실험을 전혀 다른 시각으로 해석한 논문이 등장합니다. 스위스 특허청에 근무하던 26살의 풋내기 물리학자에 의해서 말이지요. 물리학의 역사가 새로 쓰이는 순간입니다.

#04

부풀어 오르는 빛 풍선

「중국은 서양과 경도 차이가 180도라오. 그런데 중국 사람들은 중국을 중심으로 여기고 서양은 지구 중심의 반대쪽에 거꾸로 사는 곳이라고 여긴다오. 반대로, 서양 사람들은 서양을 중심으로 여기고 중국을 중심의 반대쪽에 거꾸로 사는 곳이라고 생각하오. 하늘을 이고 땅을 밟고 있기는 어느 곳이든 모두 마찬가지요. 옆으로 사는 곳도 없고 밑에서 사는 곳도 없다오. 모든 곳이 바로 중심이라오.」

- 홍대용(1731-1783), 의산문답(毉山問答)[7]

7) 김아리 편역, 우주의 눈으로 세상을 보다, 229쪽.

등방성

고요한 호수에 돌을 던지면 원 모양의 수면파가 생겨나 모든 방향으로 퍼져나갑니다. 어두컴컴한 공간에서 성냥불을 켜면 불빛이 사방으로 퍼져나갑니다. 이때 빛이 퍼져나가는 속력은 모든 방향으로 똑같은 값 c가 됩니다. 광속이 모든 방향에 대해 일정한 값이 되는 이유가 무엇일까요? 아마도 우리가 사는 우주 공간이 어느 방향으로 보아도 똑같은 성질을 가지기 때문이 아닐까요? 지구 어디에서 보나 밤하늘에 별이 가득 펼쳐져 있는 것처럼 말이지요. 공간이나 물질이 모든 방향으로 같은 성질을 띠는 것을 **등방성**이라 합니다. 등방성을 가지는 진공의 우주 공간에서 빛은 공 모양의 구면파로 퍼져나가게 됩니다. 이를 **부풀어 오르는 빛 풍선**이라 부르겠습니다.

같기도 하고 아니 같기도 하고?

어두컴컴한 공간에서 돌이가 성냥불을 켭니다. 빛은 모든 방향으로 퍼져나가 풍선처럼 부풀어 오릅니다. 돌이가 보는 빛 풍선은 모든 방향으로 빛의 속력이 같으므로 완전히 동그란 공 모양입니다. 그런데 이것을 누가 지나가면서 본다면 어떻게 보일까요? 성냥불을 켜는 순간에 돌이의 친구 순이가 돌이 바로 앞을 빠른 속도로 지나간다고 합시다. 순이가 보는 빛 풍선은 어떤 모양일까요? (단, 퍼져나가는 빛이 일부가 반사되어 보인다고 가정합니다) 순이가 오른쪽으로 움직이면서 빛 풍선을 보게 되므로 빛 풍선의 오른쪽은 가까워지고 왼쪽은 멀어져서 조금은 찌그러진 빛 풍선을 보게 될까요?

그런데 만일 돌이만 완전히 동그란 빛 풍선을 보고 순이는 한쪽으로 찌그러진 빛 풍선을 보게 된다면 이건 좀 이상합니다. 왜냐면 돌이와 순이는 서로에 대해 등속도로 운동하고 있는 동등한 입장이기 때문입니다. 돌이가 볼 때 모든 방향으로 광속이 일정했다면 **상대성원리**에 따라, 순이 또한 그러해야 합니다. 이는 마이컬슨 실험을 통해 확인된 사실이기도 합니다. **광속은 모든 방향으로 일정할 뿐만 아니라 광원과 관찰자 속도에도 무관**합니다. 여기서 광속이 모든 방향으로 일정한 것은 진공의 **등방성**과 관련됩니다. 그러면 광속이 광원 또는 관찰자 운동에 무관한 것도 진공의 성질과 관련이 있을까요? 그렇습니다. 그것은 바로 진공의 **균일성** 때문입니다. 진공, 말 그대로 아무 물질이 없는 공간에서는 앞으로 나아가도 달라질 것이 전혀 없기 때문에 광속 또한 일정한 것입니다.

따라서 성냥불이 켜지는 순간 그 지점에 있던 돌이와 순이는 누가 서로에 대해 움직이든 관계없이 각자 완전히 동그란 빛 풍선을 보게 됩니다. 두 관찰자가 각각 중심이 되어 모든 방향으로 똑같은 속력 c로 부풀어 오르는 빛의 풍선이지요[그림 4].

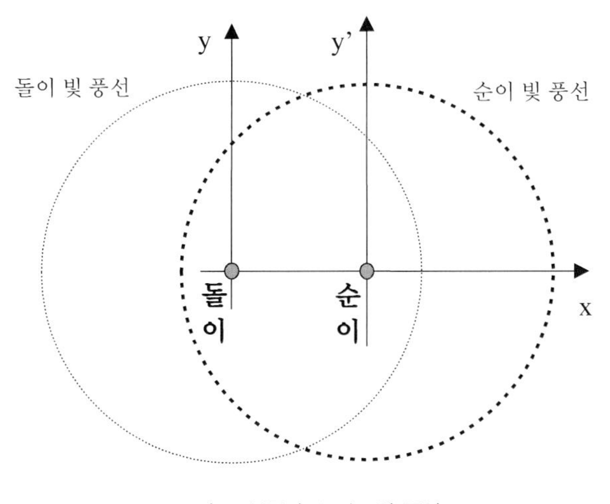

그림 4. 부풀어 오르는 빛 풍선

그런데 여기서 한 가지 의문이 남습니다. 원래의 빛 풍선은 하나일 텐데 어떻게 돌이와 순이 각각 중심이 되는 2개의 빛 풍선이 되었을까요? 결론은 이렇습니다. 빛 풍선은 하나라는 건 변함없습니다. 다만 **두 사람이 보는 빛 풍선의 시간과 위치가 달라지는 것**이지요. 광속은 일정한 양이지만 시간과 위치는 관찰자에 따라 달라지는 상대적인 물리량이기 때문입니다.

움직이는 빛 풍선

이제 돌이, 순이가 보는 빛 풍선의 시간과 위치를 만족하는 방정식을 알아봅시다. 빛 풍선의 방정식은 앞서 강물의 수면파가 이루는 방정식을 3차원으로 확장하면 됩니다.

돌이가 보는 빛 풍선(구면파) 위 한 점의 시간을 t, 위치를 $\vec{r} = (x, y, z)$라 하면, $r = ct$이므로

$$x^2 + y^2 + z^2 = c^2t^2 \tag{7}$$

순이 역시 같은 꼴의 방정식을 얻습니다.

$$x'^2 + y'^2 + z'^2 = c^2t'^2 \tag{8}$$

여기서 t', $\vec{r}' = (x', y', z')$는 순이가 보는 빛 풍선의 시간과 위치입니다. 이제 돌이를 기준으로 순이가 +x축 방향으로 v의 속력으로 움직일 때, $\vec{r} = (x, y, z)$와 $\vec{r}' = (x', y', z')$는 어떤 관계가 있을까요? 만약 **갈릴레이 변환을 따른다면** 앞의 식 (5)와 같이

$$x' = x - vt, \quad y' = y, \quad z' = z, \ t' = t \tag{5}$$

이 됩니다. 이를 순이의 빛 풍선 방정식 (8)에 대입하면 다음 식을 얻습니다.

$$(x - vt)^2 + y^2 + z^2 = c^2t^2 \tag{9}$$

(9)는 앞서 수면파 방정식 (4)에 z성분만 추가된 것입니다. 수면파

방정식이 빛의 방정식에서도 똑같이 성립하는 것일까요? 그런데 (9)를 빛의 방정식으로 보자면 이 식은 문제가 있습니다. 예를 들어 +x축 ($y=z=0$) 위의 한 점을 보면 $x = (c+v)t$가 되어 돌이가 볼 때 순이의 빛 풍선이 부푸는 속력이 $c+v$가 됩니다. 광속 일정의 원리에 어긋나지요. 게다가 돌이 입장에서 보면 광속 c로 부푸는 풍선 하나와 $c+v$로 부푸는 풍선, 2개의 빛 풍선이 있는 이상한 상황입니다. 무엇이 잘못되었을까요?

광속 일정과 상대성원리가 맞는다면, 즉 (7)과 (8)이 성립한다면 갈릴레이 변환 (5)와 이를 적용한 (9)는 틀렸다는 얘기가 됩니다. 돌이와 순이가 보는 풍선은 각자가 보는 시간, 위치만 다를 뿐 결국 하나여야 합니다. 따라서 식 (7)과 (8)은 갈릴레이 변환이 아닌, 새로운 올바른 변환에 의해 하나의 같은 식이 되어야 합니다.

로렌츠 변환

이제 (7)과 (8)이 모두 성립되도록 하는 돌이의 시공 좌표 $(t,\, x, y, z)$와 순이의 시공 좌표 $(t',\, x', y', z')$ 사이의 관계식을 구할 차례입니다. 먼저 편의상 1차원의 경우를 고려합니다. +x축 ($y=z=0$)과 +x′ 축($y'=z'=0$)에서 빛 풍선의 방정식 (7)과 (8)은 다음과 같이 간단한 식이 됩니다.

$$x = ct, \qquad x' = ct' \tag{10}$$

앞서 살펴본 갈릴레이 변환 $x' = x - vt$은 빛 풍선에 대해서는 틀리지만 수면파처럼 속력이 빠르지 않은 경우에는 거의 맞는다고 볼 수 있지요. 따라서 **두 경우를 모두 만족하도록 갈릴레이 변환을 약간 수정**해보려고 합니다. 단, 상대성원리를 고려하면 이 경우 변환은 $x' = ax + bt$와 같이 x, t에 대해 1차식이어야만 합니다.[8] 따라서 논리적으로 타당한 변환은 기껏해야 $x' = \gamma(x - vt)$와 같이 원래의 갈릴레이 변환에 계수가 곱해지는 정도입니다. 이때 계수 γ는 x, t와는 무관하며(x, t에 대해 1차식이어야 하므로) 또한 속도의 방향과도 무관하고[9] 오로지 두 관찰자의 상대속력 v에 따라 정해지는 값이 됩니다.

이상의 논의에 따라, 돌이와 순이 모두가 만족할 수 있는 시공 좌표의 변환은 다음과 같이 쓸 수 있습니다.

$$x' = \gamma(x - vt), \qquad x = \gamma(x' + vt') \tag{11}$$

두 식이 v의 부호만 다르고 같은 꼴인 이유는 바로 상대성원리에 따른 것입니다. (11)에 광속 일정에 따른 빛의 방정식 $x = ct$, $x' = ct'$를 대입하면 간단히 γ값이 구해집니다.

---

8) 물리법칙이 관찰자에 무관해야 한다는 상대성원리에 따르자면 두 관찰자의 변환식은 같은 꼴이 되어야 한다. 예를 들어 $x' = ax^2 + bt$와 같은 2차식은 그 역변환이 같은 2차식이 될 수 없으므로 제외된다. 또 $x' = \frac{k}{x}$ 같은 경우는 역변환이 같은 꼴이긴 하지만 갈릴레이 변환과 전혀 다른 꼴이 되어 제외한다.

9) 상대성원리를 만족하려면 $\gamma(v) = \gamma(-v)$이어야 하고 그렇게 되려면 γ는 v^2의 함수여야 한다. 만일 예를 들어 $\gamma(v) = 1 + \frac{v^3}{c^3}$와 같이 홀수항이 있으면 $\gamma(-v) = 1 - \frac{v^3}{c^3}$이 되어 두 변환의 크기가 달라져서 상대성원리에 어긋나게 된다.

$$\gamma = \frac{1}{\sqrt{1-\beta^2}}, \qquad \text{단, } \beta = \frac{v}{c}. \tag{12}$$

이번에는 시간의 변환을 알아봅시다. (11)의 두 번째 식에 $x' = \gamma(x - vt)$을 대입하여 t'에 대해 정리하면 다음 식이 얻어집니다.

$$t' = \gamma t - \frac{\gamma v}{c^2}x \quad \text{또는} \quad ct' = \gamma(ct - \beta x) \tag{13}$$

위 식에서 시간항을 t 대신 ct로 나타내어 위치 x와 같은 길이 차원이 되도록 한 점을 눈여겨두기 바랍니다. 이렇게 해서 시간과 위치의 변환 (11), (13)이 모두 구해졌습니다. 여기서 사실 (13)은 (11)을 변형한 것에 불과하며 (11) 또한 원래 있었던 갈릴레이 변환 식에서 계수 γ 하나만 추가한 것일 따름이지요. 아주 사소한 수정이지만 이것은 현대물리학의 큰 물줄기를 바꾸는 역할을 하게 됩니다. 여기서 뉴턴이 말했다는 '내가 남들보다 더 멀리 바라볼 수 있었다면 그것은 **거인**의 어깨 위에 서 있었기 때문'이란 말을 다시 한번 생각하게 됩니다.

참고로 (11), (13) 두 식을 묶어서 다음과 같이 '행렬 곱'으로 나타내면 간편합니다.

$$\begin{pmatrix} ct' = \gamma ct - \gamma\beta x \\ x' = \gamma x - \gamma\beta ct \end{pmatrix}$$

또는 (14)

$$\begin{pmatrix} ct' \\ x' \end{pmatrix} = \begin{pmatrix} \gamma & -\gamma\beta \\ -\gamma\beta & \gamma \end{pmatrix}\begin{pmatrix} ct \\ x \end{pmatrix}$$

(14)는 상대운동이 일어나는 x축 상의 광파면에서 돌이의 시공 좌표 (ct, x)와 순이의 시공 좌표 (ct', x') 사이의 변환을 보여주는 식입니다. 이를 **로렌츠 변환**이라 합니다. 단, 지금까지 시공 좌표 (ct, x)와 (ct', x')는 빛 풍선 위의 한 점, 즉 광파면에만 국한되었습니다. 광파면이 아닌 아무 시간과 위치에서도 (14)를 적용해도 될까요?

처음 로렌츠 변환의 출발점인 (11)은 갈릴레이 변환을 수정한 식으로, 광파면뿐만 아니라 임의의 시간과 위치에 두루 적용되는 식입니다. 다만 γ값은 광파면에서의 빛의 방정식 (10)을 이용하여 구했지만 γ 자체는 (ct, x), (ct', x')와는 무관하고 v로만 정해지는 값입니다. 따라서 (14)는 광파면뿐 아니라 임의의 시공 좌표에 대해서도 일반적으로 적용될 수 있는 것입니다. 따라서 (14)의 로렌츠 변환은 두 관성계의 모든 좌표에 대해 성립하게 됩니다.

#05

시간의 상대성, 길이의 상대성

「시간은 모든 일이 한꺼번에 일어나지 않도록 한 것이다.」

- 레이 커밍스

시계 맞추기 – 동기화

'시간이란 무엇인가'라는 물음은 인간과 우주를 관통하는 거대하고 근원적인 질문이라 답하기에는 아직 시간이 더 필요할 것 같습니다. 하지만 일단 여기서는 '**시간은 시계에 의해 측정되는 물리량**'이라고 해두지요. 이러한 정의는 실용적일 뿐 아니라 물리적인 시간을 보다 구체적으로 다룰 수 있게 해줍니다. 시간이 시계에 의해 측정된다고 할 때 우리는 시계에 대해 다음 두 가지 조건을 전제하고 있습니다.

1. 각 시계는 일정한 주기(똑~딱)를 가지고 있다.
2. 각 시계는 일정한 시각(똑)에 맞춰져 있다.

위 두 조건을 자에 비유하면, 자의 시작점인 0점이 있고 0점에서부터 일정한 간격의 눈금이 매겨져 있는 것에 해당합니다. 1의 조건을 만족하는 시계로, 일정한 주기로 깜박이는 '빛 시계'를 생각할 수 있습니다.[10] 이때 각 시계의 주기는 빠르게 또는 느리게 조정할 수 있다고 가정합니다. 다음으로 2의 조건을 만족하도록 여러 시계들의 시각을 똑같이 맞추어야 합니다. 이를 **동기화**라고 하지요. 바로 옆 사람의 시계를 내 시계와 맞추는 것은 어려운 일이 아니지요. 그러나 멀리 떨어져 있는 두 시계 A, B를 동기화하려면 시계 A의 시각 정보를 시계 B에 보내줘야 합니다. 정보를 전달하는 이상적인 방법은 빛 신호를 이용하는 것입니다. A에서 $t = t_1$일 때 빛 신호를 보내 t_2일 때 B에서 반사시키고 $t = t_3$일 때 다시 A로 돌아오게 합니다. 이때

10) 예로 원자시계를 들 수 있다. 원자시계는 원자에서 발생하는 빛의 진동수를 시간의 기준으로 한다.

A, B 사이의 거리가 일정하고 광속 c가 일정하다면 빛이 왕복한 거리가 같으므로 다음 식이 성립합니다.

$$c(t_2 - t_1) = c(t_3 - t_2) \;\; \Rightarrow \;\; \therefore \;\; t_2 = \frac{t_1 + t_3}{2} \qquad (15)$$

예를 들어 A에서 0시 정각에 빛 신호를 보내어 B에서 반사된 빛이 0시 0분 10초에 도착하였다면 빛이 B에서 반사한 시각은 그 중간인 0시 0분 5초가 되는 것이지요. 이렇게 하여 시계 B의 시각은 A와 같은 시각으로 맞출 수 있게 됩니다. 또한 이것을 반복하여 B의 주기, 즉 똑~딱 하는 시간 간격도 A와 똑같이 맞출 수 있습니다. 0시 0분 10초에 A에 도착한 빛을 다시 B로 보내 B에 빛이 도착한 시각을 0시 0분 15초에 맞추게 하면 A에서 0-10초의 시간과 B에서 5-15초의 시간이 같아지는 것이지요.

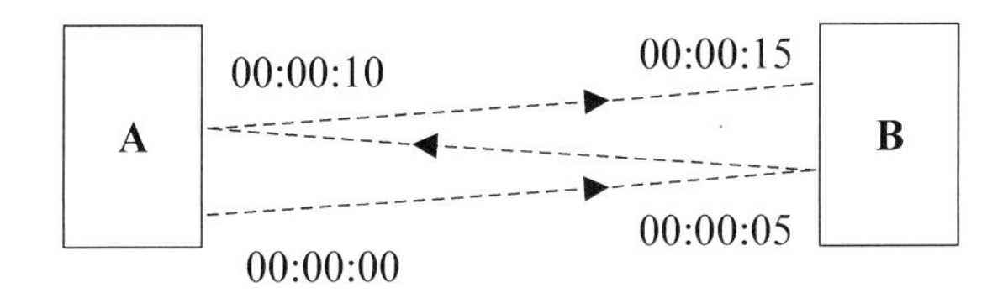

조금은 복잡해 보이는 이러한 과정이 필요한 이유는 무엇일까요? 그냥 매일 정오에 라디오 방송에서 알려주는 대로 시계를 12시 정각에 맞추면 되지 않을까요? 이렇게 하는 것만으로는 시계를 정확히 맞출 수 없습니다. 왜냐면 광속이 유한하므로(방송국의 전파 역시 빛의 일종입니다) 거리에 따라 전파가 도달하는 시간이 달라지기 때문입니다. 따라서 거리에 따른 시간 차를 고려하여 위와 같은 방법으로 멀리 떨어진 곳의 시각을 맞추어야 합니다.

지금까지 멀리 떨어져 있는 시계들을 동기화하는 방법을 알아보았습니다. 이렇게 하면 세상의 모든 시계들을 동기화할 수 있을 것 같습니다. 단, 두 시계 사이의 거리가 일정한 경우라면 말이죠. 두 시계가 서로 움직이고 있는 상태라면 어떻게 될까요? 움직이는 시계도 정지한 시계와 똑같은 시간이 흐르도록 동기화할 수 있을까요?

움직이는 빛 풍선의 시간
- 시간 팽창

#04의 '부풀어 오르는 빛 풍선'을 다시 떠올려봅시다. 돌이와 순이가 만난 순간 $t = t' = 0$에 빛 풍선이 켜져 부풀어 오릅니다. 그리고 돌이가 볼 때 순이는 오른쪽으로 v의 속력으로 멀어져가는 상황입니다. 조금 후 순이 머리 위쪽(**H**)에 빛이 도달했다고 할 때, **돌이 좌표계**에서 돌이와 순이 두 사람의 빛 풍선을 그리면 다음과 같습니다[그림 5].

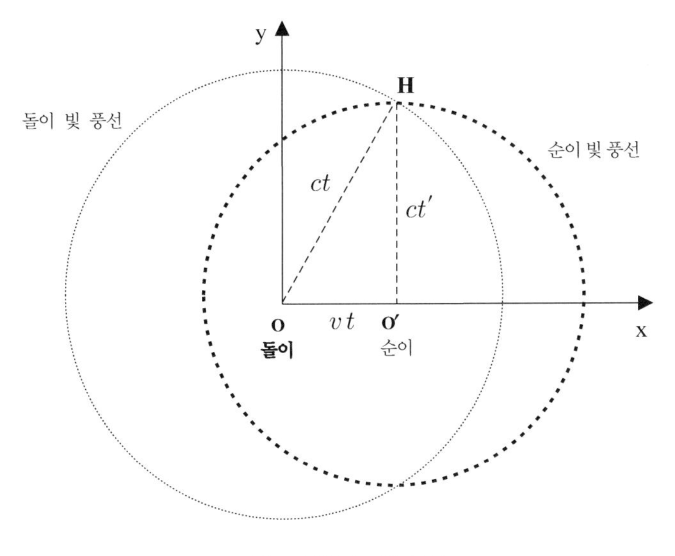

그림 5. 움직이는 빛 풍선

O와 O'는 각각 돌이와 순이의 위치이며 돌이가 잰 시간 t일 때 vt만큼 떨어져 있습니다. 돌이가 보는 빛 풍선의 반지름 $\overline{OH} = ct$이며 순이의 빛 풍선 반지름 $\overline{O'H} = ct'$(t'는 순이가 잰 시간)가 됩니다. 이 그림에서 특별히 주목할 점은, $\overline{O'H}$는 x축과 수직한 채 x축 방향으로 평행이동하면서 그 길이가 일정하다는 것입니다. 따라서 $\triangle OO'H$는 직각삼각형을 이루며 다음 관계가 성립합니다.

$$
\begin{aligned}
&(ct)^2 - (vt)^2 = (ct')^2 \\
&\therefore \quad t = \frac{t'}{\sqrt{1-\beta^2}} = \gamma t'
\end{aligned}
\tag{16}
$$

그 결과로, 돌이가 볼 때 빛 풍선이 **H**점을 지나는 시간 t는 순이가 잰 시간 t'보다 γ 배만큼 더 걸리게 됩니다. 이를 **시간 팽창**이라고 합니다. 돌이가 잰 시간이 순이보다 더 늘어난 이유는 두 사건(빛이 **O**점에서 발생한 사건과 **H**점에 도달한 사건)이 돌이가 볼 때 멀리 떨어져서 일어났기 때문입니다. 이에 비해 두 사건의 시간 간격을 제자리($x'=0$)에서 잰 순이의 시간은 멀리 떨어져 잰 시간보다 언제나 짧게 측정되며 이를 **고유시간**이라 합니다.

상대론 세계의 길이 수축

상대론의 세계에서는 물체의 길이 또한 관찰자 운동에 따라 상대적으로 달라집니다. **'그림 5'**에서 순이가 지나는 x축을 따라 길이 L_o의 막대가 놓여 있다고 하지요. **돌이가 볼 때** 순이가 이 막대를 지나가는 시간 $t=\dfrac{L_o}{v}$입니다. 한편 **순이가 볼 때** 자신은 정지해 있고 순이의 고유시간 $\tau=\dfrac{t}{\gamma}$ 동안 막대가 같은 속력 v로 왼쪽으로 지나가는 것으로 보입니다. 따라서 순이가 보는 막대의 길이 $L=v\tau=\dfrac{vt}{\gamma}=\dfrac{L_o}{\gamma}$가 되어 돌이가 보는 막대의 길이보다 짧아져 보이게 됩니다. 즉, 움직이는 물체의 길이를 재면 정지 상태에서 잰 것보다 길이가 짧아 보이며 이를 **길이 수축**이라 합니다.

다시 정리해보지요. 물체에 대해 정지한 관찰자가 물체의 양 끝을 동시에($\Delta t=0$) 잰 길이 L_o를 **고유길이**라고 합니다. 한편 물체에 대해 움직이는 관찰자가 제자리에서($\triangle x = 0$) 물체가 지나가는 데 걸린 시간(고유시간 τ)으로 잰 길이 $L = v\tau$는 $\tau < t$이므로 $L_o = vt$보다 짧아져 길이 수축이 일어납니다.

[상대론 한 걸음 더 1] 1초 후에 보낸 문자 - 상대론적 시간

돌이와 순이가 커플 시계를 12시 정각에 맞추고 다투어 헤어졌다. 돌이가 볼 때 화가 난 순이는 $0.5c$의 굉장한 속력으로 뛰어가고 있다. 돌이가 자기 시계를 보고 1초가 되었을 때 문득 순이에게 사과 문자를 보냈다. 문자가 빛 신호로 전달된다고 할 때 순이가 돌이의 문자를 받는 시간은 몇 초일까?

(1) 돌이의 입장: 순이가 문자를 받는 시각을 t라고 하면, 그동안 순이가 이동한 거리는 $0.5ct$이고 돌이가 보낸 빛 신호가 이동한 거리는 $c(t-1)$이다. 이 둘을 같다고 놓으면 $t=2$초이다.

(2) 순이의 입장: 순이가 볼 때 자신은 정지해 있고 돌이가 왼쪽으로 $0.5c$의 속력으로 움직이는 것으로 보인다. 1초 동안 돌이는 $0.5c$만큼 이동했고 이때 보낸 빛 신호가 순이에게 도달하는 데 걸린 시간은 0.5초, 따라서 순이가 빛 신호를 받는 시각은 두 시간을 더해 1.5초이다.

돌이가 본 시간과 순이가 본 시간이 달라졌다. 돌이 입장에서는 2초이고 순이 입장에서는 1.5초이다. 무엇이 잘못된 것일까? 분명 출발 전에 두 사람의 시계는 똑같이 맞추었는데….

상대성이론을 알아야 다투지 않는다. 다시 한번 차근히 생각해보자. (1)은 정지한 돌이 시계의 시간으로 해석한 것으로 맞는 풀이다.

문제는 순이의 시계이다. 순이가 움직이고 있으므로 (2)를 순이의 시간으로 재해석해야 한다.

(3) 상대론적인 순이의 입장: 돌이가 빛 신호를 보낸 1초의 시간은 돌이의 고유시간이고 움직이는 순이가 보면 γ배만큼 시간 팽창이 일어나서 γ초가 된다. 그동안 돌이와 멀어진 거리는 $0.5c \times \gamma$이고 빛이 이 거리를 오는 데 걸리는 시간은 0.5γ초이다. 따라서 순이가 신호를 받는 시간은 두 시간을 더한 1.5γ초이다.

그러나 여전히 순이의 시간은 돌이가 생각한 시간 2초와는 차이가 있다. (3)은 순이만의 입장이므로 돌이의 입장도 다시 확인해보자.

(4) 상대론적인 돌이가 본 상대론적인 순이의 입장: (3)에서 구한 1.5γ초는 순이 시계로 잰 시간이며 이것을 돌이가 보면 다시 시간 팽창에 따라 γ가 되어 $1.5\gamma^2$초가 된다. $v = 0.5c$이므로 $\gamma^2 = \dfrac{1}{1-0.5^2} = \dfrac{4}{3}$를 대입하면 $1.5\gamma^2 = 2$초가 되어 원래 생각한 돌이의 시간과 일치한다!

#06

시공 그래프와 세계선

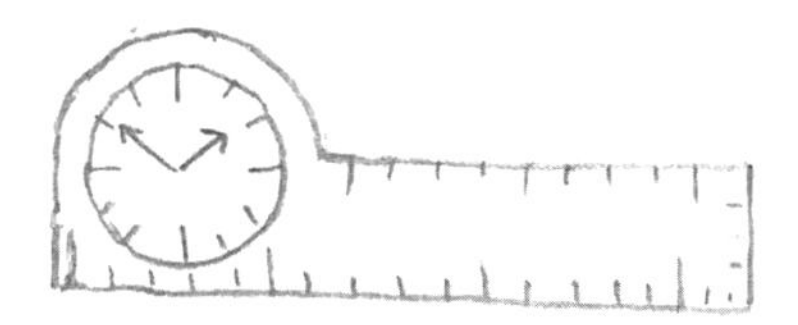

자(尺)와 시계

나는 아직 나의 자를 가져보지 못했다
생의 첫걸음으로부터 얼마나 멀리 왔는지도 모른다

그러나 시계는 가지고 있다
내가 지나온 시간의 두께를 나는 정확히 알고 있다

나의 자를 찾기 위해, 얼마나 많은 시공을 헤매었던가
어느새 시계딱지엔 시퍼런 녹이 슬어 있다

언젠가는 나도 나의 자를 가질 날이 올 것이다
그리고 그날은 나의 시계가 멈춰버리는 날일지도 모른다.

시공의 상대성

지금까지 시간과 공간의 상대성에 대해 알아보았습니다. 시간과 공간은 서로 분리된 것이 아니며 또한 고정불변의 것이 아니라 관찰자의 운동 상태에 따라 늘기도 줄기도 하는 가변적인 양이었지요. 바로 **시공(spacetime)**의 상대성입니다. 시간 팽창, 길이 수축은 그 특별한 예가 되겠지요. 시간과 공간 변수가 관찰자에 따라 달라지므로 관찰자마다 고유의 좌표계를 잡아 그 위에 물체의 운동을 그래프로 나타내면 편리합니다[그림 6].

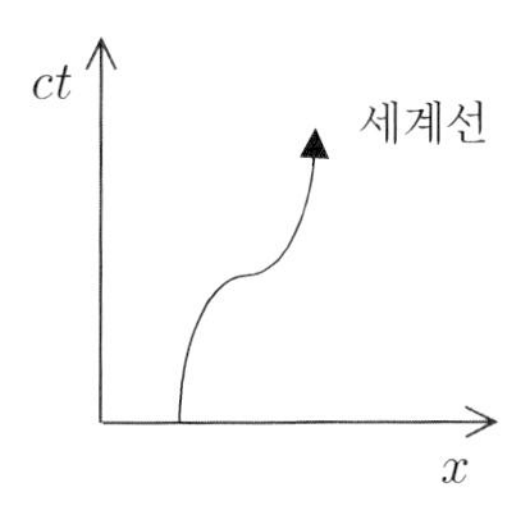

그림 6. 시공 그래프

x축 위에서 움직이는 물체의 운동을 그래프로 나타낸다고 합시다. 가로축(길이축)에는 물체의 위치 x를 나타내고, 세로축(시간축)에는 시간 좌표 t를 나타내는데 시공 대칭성을 고려하여 광속 c를 곱하여 ct로 나타냅니다. 시간축을 이렇게 정하면 시간축과 길이축이 모두 길이 차원이 되고 그래프의 기울기($\frac{cdt}{dx} = \frac{c}{v} = \frac{1}{\beta}$)는 차원이 없는 양이 됩니다. 이렇게 정한 좌표계를 **시공 좌표계**, 시공 좌표계 위에 나타낸 그래프를 **시공 그래프**라고 합니다.

시공 좌표계 위의 한 점 (ct, x)는 **사건**(event)이 되며, 어떤 물체의 사건과 사건이 연속된 그래프를 **세계선**(world line)이라 부릅니다. 예를 들어 시간축($x=0$)은 그 좌표계의 주인인 관찰자의 세계선이 됩니다. 왜냐면 관찰자가 자신을 볼 때 위치는 언제나 0이고 오로지 시간만 흐르고 있기 때문이지요. 이때 시간축은 바로 관찰자의 고유시간이 됩니다. 모든 관성계 관찰자는 각자 자신의 고유한 좌표계가 있고 고유의 세계선이 있습니다. 다시 말해 저마다의 자와 시계를 가지고 있는 셈이지요. 이렇게 보면 '삶을 어떻게 살 것인가'라는 철학적 질문도 물리적으로 생각한다면 '나는 나의 세계선을 어떻게 그릴 것인가'라는 질문으로 해석할 수 있습니다.

시간 팽창, 길이 수축의 시공 그래프

앞에서 살펴본 시간 팽창, 길이 수축 상황을 시공 그래프로 나타내 봅시다[그림 7]. 돌이 좌표계에서 돌이의 세계선은 시간축이 되고 일정한 속도로 멀어져가는 순이의 세계선은 오른쪽으로 뻗어가는 직선 그래프로 나타납니다. 한편 순이 좌표계에서는 시간축이 순이의 세계선이고 돌이의 세계선은 왼쪽 위로 뻗어나가는 모양이지요. 그 밖에 또 어떤 차이점이 있을까요? 또 한 가지 중요한 차이점은 바로 **로렌츠 변환** (14)에 따라 (원점을 제외한) 모든 사건 좌표가 두 좌표계에서 약간씩 차이 나게 된다는 점입니다. 이 차이가 얼마큼인지 시간 팽창과 길이 수축 현상을 통해 알아봅시다.

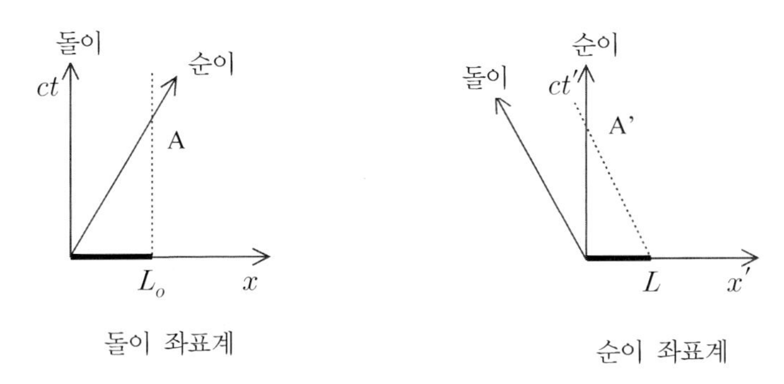

그림 7. 시간 팽창, 길이 수축

돌이 좌표계 $(ct,\ x)$에서 볼 때, 길이 L_o인 막대가 양 끝이 원점과 $x = L_o$에 위치하도록 놓여 있습니다. 순이는 $t = 0$일 때 원점에서 출발하여 속도 v로 멀어지고 있고요. 돌이가 볼 때 순이가 막대 끝을 지나는 시간은 $t = \frac{L_o}{v}$이며 $ct = \frac{cL_o}{v}$이므로 막대 끝이 순이와 만나는 사건 **A**의 시간 좌표는 $(\frac{L_o}{\beta},\ L_o)$입니다($\beta = \frac{v}{c}$). 한편, 순이 좌표계 $(ct',\ x')$에서 보면 돌이와 막대가 모두 속도 $-v$로 운동합니다. $t' = 0$일 때 막대 오른쪽 끝의 위치를 L이라 하면, 막대 끝이 순이와 만나는 시간 $t' = \frac{L}{v}$이고 따라서 사건 **A'**의 좌표는 $(\frac{L}{\beta},\ 0)$입니다.

이때 돌이가 본 사건 **A의 좌표** $(\frac{L_o}{\beta},\ L_o)$와 순이가 본 사건 **A'**의 좌표 $(\frac{L}{\beta},\ 0)$는 로렌츠 변환 (14)를 만족해야 합니다. 시간 변환 $ct' = \gamma(ct - \beta x)$에 대입하면,

$$\frac{L}{\beta} = \gamma(\frac{L_o}{\beta} - \beta L_o) \Rightarrow \therefore L = \frac{L_o}{\gamma} \qquad (17)$$

바로 길이 수축의 관계를 확인하게 됩니다. 또한 $ct' = \frac{L}{\beta} = \frac{L_o}{\gamma\beta} = \frac{ct}{\gamma}$ 으로부터 $t = \gamma t'$ 의 시간 팽창 관계도 확인할 수 있지요. 돌이가 볼 때 사건 **A**는 원점과 멀리 떨어져서 일어난 사건이지만 순이가 보는 사건 **A'**는 제자리에서, 다시 말해 자신의 시간축 위에서 일어난 사건이므로 이때 두 사건 좌표(원점과 **A'**)의 시간 간격 t'가 바로 고유시간이 됨을 알 수 있습니다.

[상대론 한 걸음 더 2] 사이렌 소리는 왜 달라지는가 - 도플러 효과

#05에서 다룬 '**1초 후에 보낸 문자**' 문제를 시공 그래프로 나타내 보자. 돌이와 순이가 상대속력 v로 멀어질 때 어느 순간($t = t' = 0$) 빛 신호가 발생하여 돌이에서 순이로 전파된다. 이 상황을 돌이와 순이의 입장에서 시공 그래프로 그려보면 다음과 같다[그림 8].

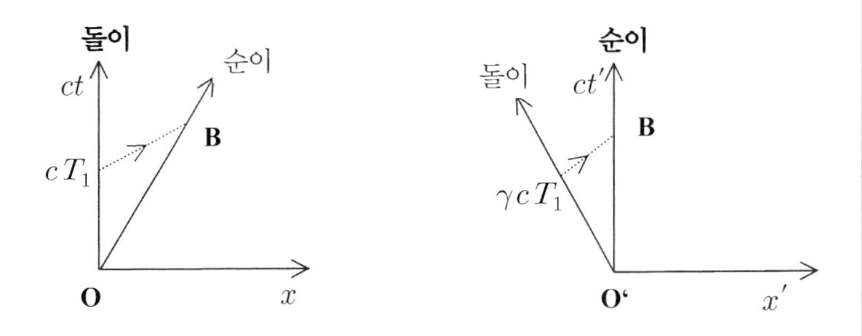

그림 8. 도플러 효과의 시공 그래프

(i) 돌이 좌표계에서 볼 때: 순이가 오른쪽으로 v의 속도로 멀어지고 있고 돌이가 T_1일 때 빛 신호(점선)를 보낸다. 순이가 빛 신호를 받는 사건 **B**의 시간을 T_2라고 하면, $T_2 - T_1$ 동안 빛이 이동한 거리$c(T_2 - T_1)$와 T_2 동안 순이가 이동한 거리 vT_2가 같다.

$$c(T_2 - T_1) = vT_2 \quad \Rightarrow \quad T_2 = \frac{T_1}{1-\beta} \quad (\beta = \frac{v}{c}) \tag{18}$$

(ii) 순이 좌표계에서 볼 때: 돌이가 왼쪽으로 v의 속도로 멀어지고 있다. 돌이의 고유시간 T_1이 순이가 볼 때는 시간 팽창으로 γT_1이다. 순이가 빛 신호를 받는 사건 **B'**의 시간을 T_2'라고 하자. 순이가 볼 때, 돌이가 γT_1 동안 이동한 거리와 빛이 $T_2' - \gamma T_1$ 동안 돌아온 거리가 같으므로

$$v\gamma T_1 = c(T_2' - \gamma T_1) \;\Rightarrow\; T_2' = \gamma(1+\beta)T_1 \tag{19}$$

(18), (19)를 비교하면 $T_2 = \gamma T_2'$이며 역시 시간 팽창에 해당한다. 한편 (19)는 빛 신호를 보낸 돌이의 고유시간과 빛 신호를 받은 순이의 고유시간 사이의 관계를 보여주는데 바로 **빛의 도플러 효과**이다.

일반적으로 파동이 전파할 때 파원과 수신자 사이에 상대운동이 있으면 파동의 주기와 진동수가 달라지는데 이를 도플러 효과라고 한다. 소리의 도플러 효과는 음원과 수신자의 속도에 따라 달라진다. 이때 속도의 기준은 매질(공기 등)이다. 음속을 u, 음원의 속도를 v_s(s : source), 수신자의 속도를 v_d(d : detector)라고 하고 파원에서 음파의 주기를 T_s, 수신자에서 주기를 T_d라 하면 소리의 도플러 효과 식은

다음과 같다. (진동수 $f=\frac{1}{T}$)

$$\frac{T_d}{T_s} = \frac{u-v_s}{u-v_d} = \frac{f_s}{f_d} \tag{20}$$

위 식에서 v_s, v_d의 부호는 음파를 기준으로 한다. 음파와 같은 방향이면 (+), 반대 방향이면 (-)이다.

진공에서 빛의 도플러 효과는 두 가지 점이 다르다. 첫째, 진공에서 빛의 전파는 운동의 기준으로 삼을 만한 매질이 없으며 오로지 광원과 수신자 사이의 상대속도에만 의존한다. 둘째, 시간 팽창 효과를 고려해야 한다. 이상을 고려한 빛의 도플러 효과는 바로 앞에서 구한 식 (19)와 같다.

$$\frac{T_d}{T_s} = \gamma(1+\beta) = \frac{f_s}{f_d} \tag{21}$$

위 식의 $\beta=\frac{v}{c}$에서 v는 파원에서 본 수신자의 '상대론적' 상대속도이다[#07 참고]. (21)은 소리의 도플러 효과 식 (20)에서 $v_s=0$, $v_d=v$로 두고 $T_d \rightarrow \gamma T_d$로 대입해도 같은 결과를 얻을 수 있다.

#07

속도 덧셈

$$\beta + 0 = \beta$$

$$\beta - \beta = 0$$

$$\beta + 1 = 1$$

$$(0 \le \beta \le 1)$$

「우주라는 위대한 책은 수학의 언어로 쓰여 있다.」

- 갈릴레오 갈릴레이(1564-1642)

우리는 앞서 갈릴레이 변환에서 속도의 상대성, 즉 관찰자 운동에 따라 물체의 속도가 달라짐을 알았습니다. 관찰자 K에서 본 물체의 속도가 $\vec{V}$일 때, K에 대해 속도 $\vec{v}$로 움직이는 K'이 보는 물체의 속도 $\vec{V}'$는 식 (6) $\vec{V}' = \vec{V} - \vec{v}$와 같이 달라집니다. 관찰자에 따라 관찰자 자신의 속도를 빼주자는 거지요. 이는 뉴턴 역학에서의 상대속도 공식입니다. 광속 일정을 고려한 로렌츠 변환에서는 어떻게 될까요? 시공간 변수 t, x가 같이 엮여서 달라지는 로렌츠 변환에서는 아무래도 그리 간단치는 않겠지요.

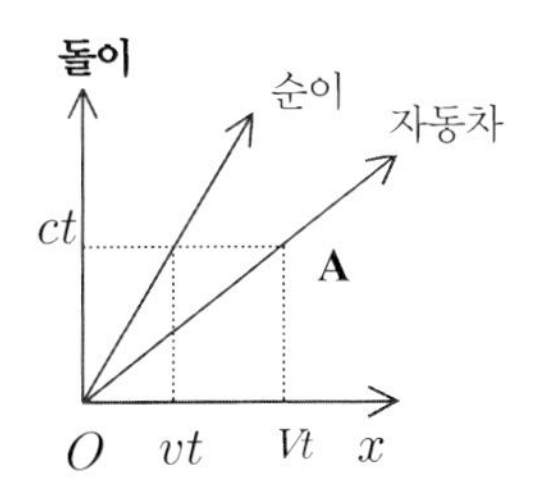

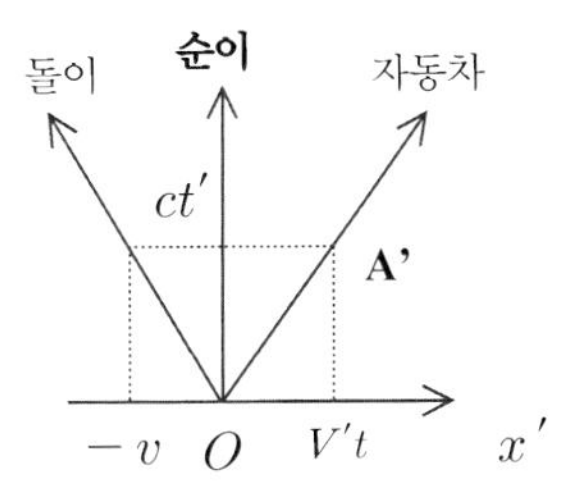

그림 9. 돌이, 순이가 각각 본 자동차의 시공 그래프

$t=t'=0$일 때 원점에서 출발하여 x축을 따라 일정한 속도로 달리는 자동차가 있습니다[그림 9]. 이것을 서로 v의 속력으로 멀어지는 돌이와 순이가 바라봅니다. 돌이, 순이가 보는 자동차의 속도를 각각 V, V', 시공 좌표는 각각 **A**$(ct,\ Vt)$, **A'**$(ct',\ V't')$라고 합시다. 자, 이때 V와 V'의 관계는 어떻게 될까요? 물론 갈릴레이 변환이라면 $V' = V - v$가 되겠지요.

로렌츠 변환과 상대론적 상대속도

그러나 시공간 변수가 모두 달라지는 특수상대론에서는 좀 더 복잡해집니다. 이제 **#04**에서 구한 로렌츠 변환을 적용할 차례입니다. 두 사건 좌표 **A**와 **A'**에 대해 로렌츠 변환(14)을 적용하면($\beta = \frac{v}{c}$),

$$ct' = \gamma(ct - \beta Vt)$$
$$V't' = \gamma(Vt - \beta ct) \qquad (22)$$

위 두 식의 양변을 각각 나누어 다음 식을 얻습니다.

$$V' = \frac{V - v}{1 - \dfrac{Vv}{c^2}} \qquad (23)$$

위 식이 로렌츠 변환으로 얻어진 **'상대론적' 상대속도** 식입니다. 갈릴레이 변환의 상대속도 식 $V' = V - v$과 비교하면 (23)에서는 분모항이 추가된 게 한 가지 차이점이지요. 왜냐면 로렌츠 변환에서는 위치뿐 아니라 시간도 달라지기 때문입니다. 한편 $Vv \ll c^2$이면 분모가 1에 가까워지면서 갈릴레이 변환과 같아짐을 알 수 있습니다. 또한 $V = c$이면 $V' = c$가 되어 **광속 불변**을 만족하게 되지요. 식 (23)은 속력이 빠르지 않은 경우에는 갈릴레이 변환과 같아지면서 동시에 상대성원리와 광속 일정까지 두루 만족하는 보다 일반적인 상대속도 식입니다.

만일 두 관찰자가 각각 속도 $V = v_1$과 $v = -v_2$로 멀어진다면 두 관찰자의 상대속도는 (23)에 따라($\beta_1 = \frac{v_1}{c}$, $\beta_2 = \frac{v_2}{c}$)

$$\frac{V}{c} = \frac{\beta_1 + \beta_2}{1 + \beta_1 \beta_2} \tag{24}$$

인데, 이때 언제나 $V \leq c$임은 어렵지 않게 증명할 수 있습니다. 이는 광속 c가 모든 속력의 최대 한계임을 뜻하지요. 다시 말해, 속도 변환에 대해서 불변하는 속력(광속)이 존재한다면 그 속력은 모든 속력의 상한이 됨을 의미합니다.

#08

변해도 변치 않는 것

한자 昜(바꿀 역, 쉬울 이)은 도마뱀 모양을 본뜬 글자입니다. 카멜레온은 피부색을 쉽게 바꾸지만 그 형태 昜은 달라지지 않지요. 시시각각 변하는 삼라만상의 광경 중에도 변하지 않는 것을 찾아 기준으로 삼으면 자연 현상을 이해하기가 한결 쉬울 테지요.

스칼라와 벡터

지금까지 우리는 관찰자 상대운동에 따라 시간, 위치, 속도와 같은 물리량들이 어떻게 달라지는지를 주로 알아보았습니다. 관찰자의 등속도운동에 따라 시간과 위치의 변화는 로렌츠 변환 식 (14)로 표현되고 속도의 달라짐은 상대론적 속도변환 식 (24)로 표현됩니다. 그렇다면 가속도나 힘의 변환은 더욱 복잡한 형태가 될 테지요. 그래서 이번에는 **관점을 바꾸어, 관찰자의 상대운동에도 불구하고 달라지지 않는 물리량**들에 주목하고자 합니다.

예를 들어 시계의 시겟바늘은 회전하면서 그 길이가 달라지지 않습니다. 어떤 변환에 대해 달라지지 않는 양을 불변량 또는 **스칼라(Scalar)**라고 합니다. 시겟바늘의 길이는 회전 변환에 대해 스칼라이지요. 그런데 시겟바늘의 경우 길이뿐 아니라 바늘이 가리키는 방향까지 고려한다면 회전하면서 끊임없이 방향이 달라지고 있어서 더 이상 불변량이 아니지요. 시겟바늘의 길이와 방향을 둘 다 고려하면 크기와 방향을 갖는 양, **벡터(Vector)**가 됩니다.

벡터는 좌표계에서 원점에서 뻗어나가는 화살표로 나타낼 수 있으며 이때 화살표 끝점의 좌표를 읽어서 $\vec{r} = (x, y)$와 같이 나타낼 수 있는데 이를 벡터의 성분 표시라고 합니다. 벡터의 성분은 회전 변환에 대해 어떻게 달라질까요? 예를 들어 2차원 벡터 $\vec{r} = (x, y)$를 시계 반대방향으로 θ만큼 회전하면 새로운 벡터 $\vec{r}' = (x', y')$의 성분은 $x' = x\cos\theta - y\sin\theta,\ y' = x\sin\theta + y\cos\theta$로 달라집니다[「상대론으로 배우는 수학 2」 참고]. 여기서 새 좌표 x', y'는 원래 좌표 x, y의 1차식으로 표현됨을 주목하기 바랍니다. 이런 의미에서 벡터는 '어떤 변환에 대해 그 성분들이 1차 변환하는(1차식으로 달라지는) 물리량'으로 정의할 수 있지요.

로렌츠 변환에서는 시간, 위치가 $ct' = \gamma ct - \gamma\beta x,\ x' = \gamma x - \gamma\beta ct$와 같이 1차 변환하므로 시공 좌표 (ct, x)가 **로렌츠 벡터**가 됩니다. 그런

데 여기서 물체의 길이는 관찰자 운동에 따라 길이 수축이 일어나므로 회전 변환에서와는 달리 더 이상 스칼라가 아니지요. 시간 또한 그러하고요. 다시 말해, 길이와 시간은 로렌츠 변환에 대해 불변하는 **스칼라가 아니며**, 1차 변환하는 로렌츠 벡터의 성분일 뿐입니다. 여기서 유념해야 할 점은 어떤 물리량이 스칼라냐 벡터냐 하는 것은 물리량 그 자체로 정해지는 것이 아니라 **어떤 변환에 대해** 생각하느냐에 따라 달라진다는 것입니다. 그렇다면 로렌츠 변환에서 달라지지 않는 양, 즉 **로렌츠 스칼라**에는 어떤 물리량이 있을까요?

시공 삼각형

우선 물리상수인 광속 c는 관찰자와 무관하게 언제나 일정하므로 당연히 로렌츠 스칼라이겠지요. 다음으로 고유시간과 고유길이는 어떨까요? 고유시간, 고유길이는 처음부터 어떤 특정한 관찰자의 정지계에서 잰 값으로 정의되었지요. 역시 로렌츠 스칼라입니다. 이에 대해 자세히 살펴봅시다.

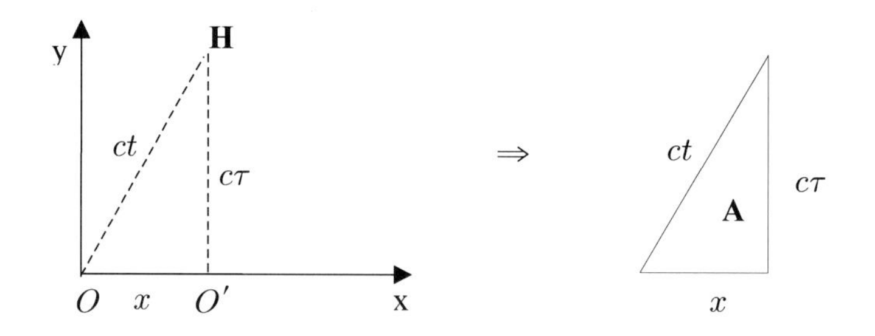

그림 10. 고유시간과 시공 삼각형

위 그림은 #04의 움직이는 빛 풍선[그림 4]을 간략히 나타낸 것입니다. 왼쪽 그래프는 돌이의 x-y좌표계에서 본 상황으로, 순이(O')가 x축을 따라 v의 속도로 움직이고 있을 때 순이와 같이 x축을 따라 움직이는 **H**지점에 빛이 도달한 사건을 보여주고 있습니다. 이때 돌이가 본 순이의 좌표 (ct, x)와 순이 자신이 본 좌표 ($c\tau$, 0) 사이에는 직각삼각형 ⊿**OO′ H**로부터 다음 관계가 성립합니다.

$$(ct)^2 - x^2 = (c\tau)^2 \tag{25}$$

이 식을 도형으로 나타냈을 때 성립되는 직각삼각형 **A**를 **시공 삼각형**이라 부르겠습니다. 시공 삼각형은 특수상대성이론의 핵심을 한눈에 보여주고 있습니다! 어째서 그럴까요?

어떤 좌표계에서 보든 로렌츠 벡터의 시간 성분의 제곱(c^2t^2)에서 공간 성분의 제곱(x^2)을 뺀 값은 고유시간 제곱이 되며 이는 관찰자 운동에 무관한 불변량입니다. 예를 들어 돌이의 좌표(ct, x) 대신 또 다른 관찰자 철수가 보는 시공좌표(ct', x')로 바꿔도 이 값은

$$(ct')^2 - x'^2 = (ct)^2 - x^2 = (c\tau)^2 \tag{26}$$

와 같이 변하지 않는 값이 됩니다. 이는 로렌츠 변환된 값 $ct' = \gamma ct - \gamma\beta x$, $x' = \gamma x - \gamma vt$를 위 식에 대입해보면 알 수 있습니다.

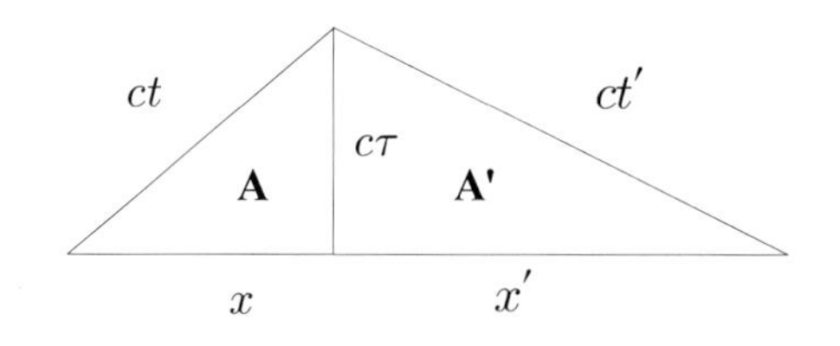

그림 11. 2개의 시공 삼각형

(26)을 그림으로 나타내보았습니다. 두 삼각형 **A**, **A'**의 빗변과 밑변은 관찰자마다 달라지는 로렌츠 벡터 $(ct,\ x)$, $(ct',\ x')$의 성분이지요. 가운데 높이에 해당하는 $c\tau$는 관찰자에 무관한 일정한 값으로 로렌츠 스칼라가 됩니다. 이때 $s \equiv \sqrt{(ct)^2 - x^2} = c\tau$를 **시공 거리**라고 하지요. 시곗바늘의 길이가 회전 변환에 대해 불변이듯이 **로렌츠 변환에서는 시공 거리가 불변량**이 됩니다. 둘의 차이점은 회전 변환의 불변량인 길이가 $l^2 = x^2 + y^2$와 같이 각 성분의 제곱이 더해져 있는 것과 달리 로렌츠 변환의 시공 거리는 $s^2 = (ct)^2 - x^2$과 같이 각 성분의 제곱이 뺄셈으로 되어 있다는 점이지요. 일반적으로 y와 z 성분까지 있다면 시공 거리 s는 다음과 같습니다.

$$s^2 \equiv (ct)^2 - x^2 - y^2 - z^2 = (c\tau)^2 \tag{27}$$

결국 로렌츠 변환이란 시공 거리 s를 일정하게 하면서 시간과 공간 성분들이 일차식으로 달라지는 변환인 셈입니다. 이때 변하는 양인 시간, 공간 성분들 대신 변하지 않는 양인 시공 거리를 기준으로 삼으면 훨씬 이해가 쉬울 수 있습니다. 예를 들어봅시다.

우리가 앞서 살펴보았던 시간 팽창, 길이 수축도 시공 거리의 불변성을 이용하면 더욱 간단히 유도됩니다.

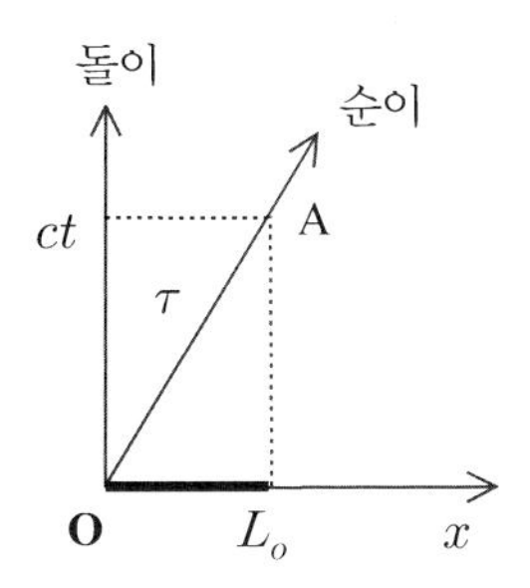

위 시공 그래프에서 사건 A의 좌표는 돌이 좌표계에서는 $(ct, L_o = vt)$이고 순이 좌표계에서는 $(c\tau, 0)$이지요. O에서 A까지의 시공 거리는 돌이 좌표계에서는 $c^2t^2 - v^2t^2$, 순이 좌표계에서는 $c^2\tau^2$이므로 $c^2t^2 - v^2t^2 = c^2\tau^2$으로부터 시간 팽창 $t = \gamma\tau$가 바로 얻어집니다. 이번에는 두 좌표의 시간 항을 $t = \frac{L_o}{v}$, $\tau = \frac{L}{v}$로 나타내면 $(\frac{L_o}{\beta})^2 - L_o^2 = (\frac{L}{\beta})^2$으로부터 길이 수축 $L = \frac{L_o}{\gamma}$가 간단히 얻어집니다.

물리학은 자연 현상에서 변하는 것보다 변하지 않는 것을 찾아서 이를 기준으로 변하는 모습을 설명하려고 하지요. 이러한 아이디어를 확장하여 다음 장에서는 에너지, 운동량, 질량의 관계를 살펴보려고 합니다.

[상대론으로 배우는 수학 2]

✧ 회전 변환과 로렌츠 변환

2차원 벡터 $\vec{r} = (x,y)$를 시계 반대방향으로 θ만큼 회전하면 새 벡터의 좌표 $\vec{r}' = (x',y')$는 어떻게 될까?

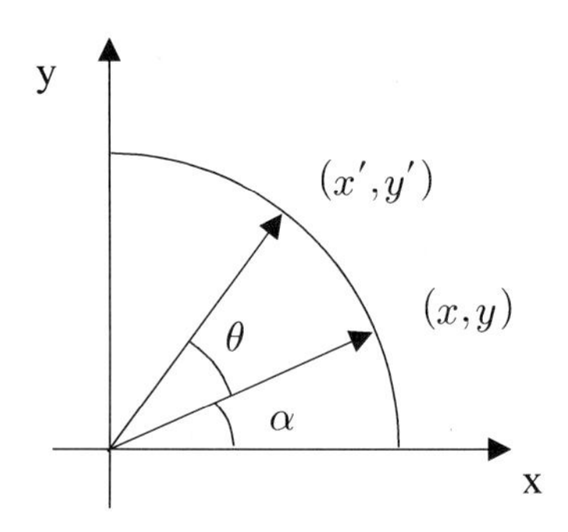

위 그림에서 두 벡터의 성분을 각 α, θ로 나타내보자.

$\vec{r}$의 성분은 간단히 $x = \cos\alpha$, $y = \sin\alpha$이다.

$\vec{r}'$의 성분은 **삼각함수 덧셈공식**[11])을 이용하면 다음과 같이 x, y의 1차식으로 나타내어진다.

$$x' = \cos(\alpha+\theta) = \cos\alpha\cos\theta - \sin\alpha\sin\theta = x\cos\theta - y\sin\theta$$
$$y' = \sin(\alpha+\theta) = \cos\alpha\sin\theta + \sin\alpha\cos\theta = x\sin\theta + y\cos\theta$$

위 식은 간단히 행렬로 나타낼 수도 있다.

$$\begin{pmatrix} x' \\ y' \end{pmatrix} = \begin{pmatrix} \cos\theta & -\sin\theta \\ \sin\theta & \cos\theta \end{pmatrix} \begin{pmatrix} x \\ y \end{pmatrix}$$

회전 변환과 로렌츠 변환의 스칼라와 벡터를 비교하면 다음과 같다.

	스칼라 (불변량)	벡터 (1차 변환)
회전 변환	$l^2 = x^2 + y^2$	$\begin{pmatrix} x' \\ y' \end{pmatrix} = \begin{pmatrix} \cos\theta & -\sin\theta \\ \sin\theta & \cos\theta \end{pmatrix} \begin{pmatrix} x \\ y \end{pmatrix}$
로렌츠 변환	$s^2 = c^2t^2 - x^2$	$\begin{pmatrix} ct' \\ x' \end{pmatrix} = \begin{pmatrix} \gamma & -\gamma\beta \\ -\gamma\beta & \gamma \end{pmatrix} \begin{pmatrix} ct \\ x \end{pmatrix}$ 단, $\beta = \frac{v}{c}$, $\gamma = \frac{1}{\sqrt{1-\beta^2}}$

11) 삼각함수 덧셈 공식은 오일러 공식을 이용하면 매우 쉽게 유도된다.

$$e^{ix} = \cos x + i\sin x$$

여기서 e는 자연로그 밑수로 약 2.71828인 상수이며 i는 허수단위로 $i^2 = -1$이다. e^{ix}는 지수함수의 성질에 따라 $e^{i\alpha}e^{i\beta} = e^{i(\alpha+\beta)}$이므로 이를 오일러 공식으로 나타내면,

$$(\cos\alpha + i\sin\alpha)(\cos\beta + i\sin\beta) = \cos(\alpha+\beta) + i\sin(\alpha+\beta)$$

이며 양변의 실수부와 허수부를 비교하면 덧셈 공식을 바로 유도할 수 있다.

#09

세상에서 가장 유명한 공식

「과학의 가장 기본적인 아이디어는 본질적으로 단순하며
대개 누구나 이해할 수 있는 언어로 표현될 수 있습니다.」
- 알베르트 아인슈타인(1879-1955)

에너지–운동량 삼각형

시공 삼각형에서 볼 수 있는 스칼라와 벡터의 관계를 다른 물리량에서도 찾아볼 수 있을까요? 시공 삼각형 **A**의 세 변을 고유시간 $\tau = \frac{t}{\gamma}$로 나누어봅시다. 길이 차원이었던 삼각형 **A**의 각 변을 시간으로 나누었으므로 각 변이 속도 차원이 되는 직각삼각형 **B**를 얻게 됩니다[그림 12]. 이를 **속도 삼각형**이라 부르겠습니다.

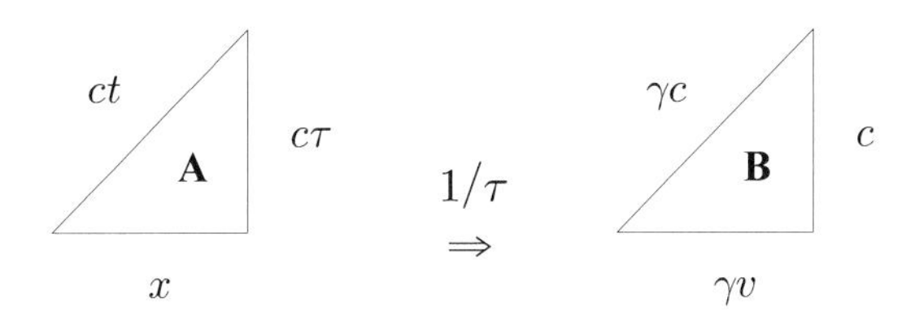

그림 12. 시공 삼각형과 속도 삼각형

속도 삼각형에서 빗변 제곱에서 밑변 제곱을 빼면 $(\gamma c)^2 - (\gamma v)^2 = c^2$, 광속 제곱이 나옵니다. 즉 높이가 로렌츠 스칼라에 해당됩니다. 이때 빗변과 밑변 $(\gamma c,\ \gamma v)$는 $(ct,\ x)$와 마찬가지로 로렌츠 변환하는 속도 벡터가 됩니다. 두 삼각형 **A**와 **B**에 각 변이 똑같은 관계를 만족하는 이유는 삼각형 **A**에 일정한 양인 τ로 나누어 **B**를 만들었기 때문이지요.

이번에는 같은 방식으로 각 변이 에너지 차원이 되는 삼각형을 만들어봅시다. 속도 삼각형 **B**에 어떤 양을 곱해야 할까요? 뉴턴 역학에서 운동에너지 $\frac{1}{2}mv^2$에서 보듯이 속도에 운동량을 곱하면 에너지가 되지요. 단, 각 변이 똑같은 변환 관계를 만족하려면 로렌츠 스칼라여야 하고요. 운동량 차원이면서 로렌츠 스칼라인 값은 mc입니다(다시 말해 질량 m은 로렌츠 스칼라로 정의됩니다). 속도 삼각형 **B**의 세 변에 mc를 곱하면 **에너지 삼각형 C**가 만들어집니다[그림 13].

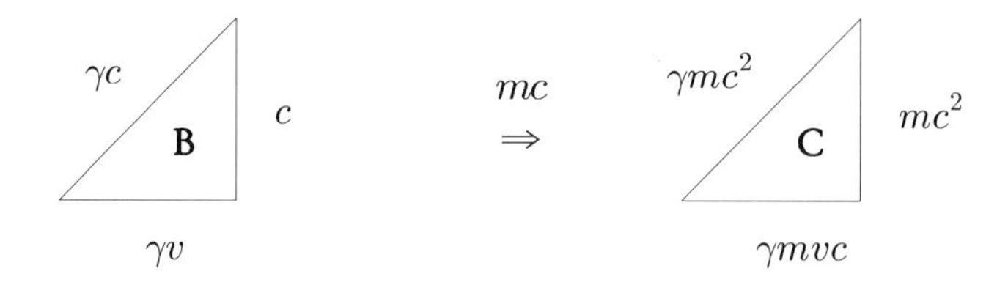

그림 13. 속도 삼각형과 에너지 삼각형

질량-에너지 등가성

에너지 삼각형에서 빗변 γmc^2의 의미는 무엇일까요? 이를 알아보기 위해 뉴턴 역학에 가까워질 때, 즉 $\beta = \frac{v}{c}$가 아주 작은 값이 될 때의 경우를 생각해봅시다. $\gamma = \frac{1}{\sqrt{1-\beta^2}}$은 $\beta < 1$일 때 $\gamma = (1-\beta^2)^{-1/2} \approx 1 + \frac{1}{2}\beta^2 + \frac{3}{8}\beta^4 + ...$와 같이 어림할 수 있습니다 ['상대론으로 배우는 수학 3' 참고]. 따라서

$$\gamma mc^2 \approx mc^2 + \frac{1}{2}mv^2 + \frac{3}{8}mv^2\beta^2 + ... \qquad (28)$$

이 됩니다. 여기서 우변의 두 번째 항은 뉴턴 역학에서의 운동에너지와 같음에 주목합니다. 그리고 v가 포함된 나머지 항들도 운동에너지와 관련될 것임을 짐작할 수 있겠지요. 그런데 $v = 0$이 되면 어떻게 되나요? 이 경우에도 없어지지 않고 남아 있는 유일한 항, mc^2이 있습니다. 이 값은 물체에 대해 정지한 관찰자가 보는 물체 고유의 에너

지이며 관찰자 상대운동에 무관하므로 로렌츠 스칼라에 해당합니다. 에너지 삼각형의 높이에 해당하며 그 양은 오로지 물체의 질량과 관련됩니다. 이를 **정지에너지** 또는 **질량에너지**라고 하며 이것이 바로 1905년에 아인슈타인이 찾아낸 **질량 – 에너지 등가성**입니다.[12)]

$$E_o \equiv mc^2 \tag{29}$$

에너지 삼각형 **C**를 다시 살펴보지요. 정지 상태에 있는 물체의 에너지는 높이 mc^2이며 관찰자 상대운동에 따라 운동에너지가 더해지면 빗변의 총에너지 $E = \gamma mc^2$으로 증가합니다. 이때 운동에너지 값은 총에너지에서 정지에너지를 뺀 값 $(\gamma - 1)mc^2$입니다. 밑변의 γmvc은 $v \ll c$일 때 $\gamma mv \approx mv$인 것으로 보아 운동량과 관련됨을 짐작할 수 있으며 γ는 상대론적 효과를 나타내는 것으로 볼 수 있지요. 따라서 γ를 포함한 γmv를 **상대론적 운동량** p로 정의합니다.

$$p \equiv \gamma mv \tag{30}$$

결국 질량 m, 에너지 E, 운동량 p는 $E^2 = (mc^2)^2 + (pc)^2$을 만족하며 다음의 **에너지-운동량 삼각형**을 이룹니다[그림 14].

---

12) 아인슈타인은 1905년 6월에 특수상대성이론을 다룬 첫 논문 <움직이는 물체의 전기역학에 관하여>를 발표할 때만 해도 mc^2의 의미를 분명히 알아채지 못하였다. 그러다가 3개월 뒤, 3쪽의 추가 논문 <물체의 관성은 에너지 함량에 종속적인가?>에서 질량과 에너지 등가성을 처음 밝혔다.

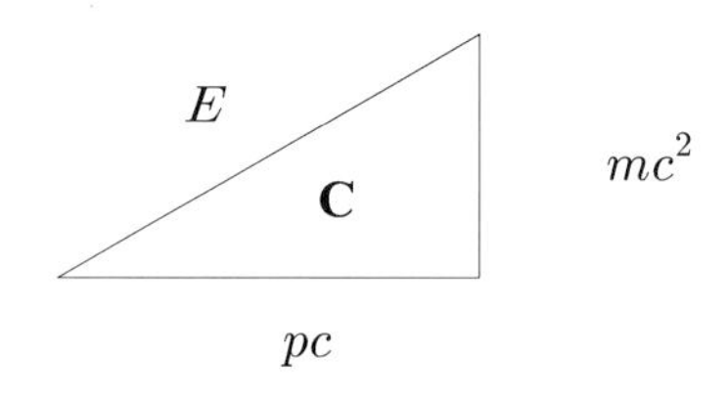

그림 14. 에너지-운동량 삼각형

이제 '세상에서 가장 유명한 공식'이 완성되었습니다. 에너지-운동량 삼각형의 불변량은 $E^2-(pc)^2=(mc^2)^2$, 즉 정지에너지 mc^2입니다. 그리고 빗변과 밑변 $(E,\ pc)$가 로렌츠 변환하는 로렌츠 벡터가 됩니다. 다시 말해 에너지와 운동량은 관찰자 운동에 따라 다른 값을 갖게 되지요. 예를 들어 돌이가 본 물체의 에너지가 E, 운동량이 p일 때 돌이에 대해 속도 v로 움직이는 순이가 보는 에너지 E'와 운동량 p'는 로렌츠 변환 (14)로 구해집니다.

$$
\begin{aligned}
E' &= \gamma(E-\beta pc) = \gamma(E-pv) \\
p'c &= \gamma(pc-\beta E)
\end{aligned}
\tag{31}
$$

물론 이때도 정지에너지 크기는 $E'^2-(p'c)^2=E^2-(pc)^2=(mc^2)^2$과 같이 일정하지요.

[상대론으로 배우는 수학 3]

✧ 이항 전개와 근사식

$a+b$의 거듭제곱 $(a+b)^n$의 전개식을 구해보자. $(n=1,2,3,\ldots)$

$$(a+b)^2 = a^2+2ab+b^2$$

$$(a+b)^3 = a^3+3a^2b+3ab^2+b^3$$

$$\vdots$$

이 과정을 아래와 같이 도표로 나타낼 수 있는데 이를 '파스칼의 삼각형'이라고 한다.

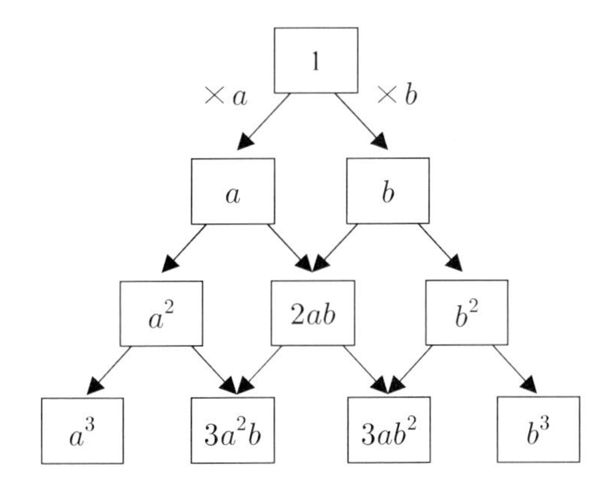

이 과정을 거듭하여 $(a+b)^n$의 전개식의 각 항을 $C_{n,k}\,a^{n-k}\,b^k\ (k=0,1,\ldots n)$와 같이 나타낼 때

계수 $C_{n,k}$는 $C_{n,k} + C_{n,k+1} = C_{n+1,k+1}$을 만족한다. 예를 들어 $3a^2b$의 경우에서 계수 3은 바로 윗줄 a^2의 계수 1과 ab의 계수 2가 더해진 값이다. 즉 $C_{2,0} + C_{2,1} = C_{3,2}$

위 관계를 이용하면 자연수 n에 대해 이항계수 $C_{n,k}$의 일반식을 구할 수 있다. 아래 식에서 n의 계승 $n! = n \times (n-1) \times \cdots 2 \times 1$이며 $0! = 1$이다.

$$C_{n,k} = \frac{n!}{(n-k)!\,k!} = \frac{n(n-1)\cdots(n-k+1)}{k(k-1)\cdots 2 \cdot 1}$$

예) $C_{5,3} = \dfrac{5 \cdot 4 \cdot 3}{3 \cdot 2} = 10$

또한 $(a+b)^n$의 이항전개식을 n이 실수인 경우로 확장할 수 있다(수학적 증명은 생략함).

단, $n = 0, 1, 2, \ldots$가 아니면 이항전개식은 항의 개수가 무한한 무한급수가 된다.

예) $|x| < 1$일 때 $(1+x)^n$의 전개식을 x의 3차항까지 구해보면,

$$\begin{aligned}(1+x)^n &= 1 + C_{n,1}x + C_{n,2}x^2 + C_{n,3}x^3 + \cdots \\ &= 1 + nx + \frac{n(n-1)}{2}x^2 \\ &\quad + \frac{n(n-1)(n-2)}{3!}x^3 + \cdots\end{aligned}$$

예) 상대론적 인자 $\gamma = \dfrac{1}{\sqrt{(1-\beta^2)}}$ 의 전개식을 β^6 항까지 구해 보자. ($|\beta| < 1$)

$$\gamma \; = \; (1-\beta^2)^{-1/2} \; = \; 1 + \frac{1}{2}\beta^2 + \frac{3}{8}\beta^4 + \frac{5}{16}\beta^6 + \cdots$$

#10

빛이란 무엇인가?

「빛의 본질이 무엇인지 알고자 평생을 애썼지만 여전히 잘 모르고 있다.」

- 알베르트 아인슈타인(1879-1955)

빛은 이 세상에서 매우 특별한 존재입니다. 빛은 손으로 잡을 수도, 쫓아갈 수도 없지요. 그러면서도 만물을 밝혀주고 있는 존재가 바로 빛입니다. 빛은 어둠을 밝혀 이 세상을 볼 수 있게 할 뿐 아니라 우리 눈에 보이지 않는 자연의 숨은 법칙을 언뜻언뜻 드러내어 우리에게 그 비밀을 알려주는 전령사이기도 하지요. 특히, 상대성이론에서 빛은 역학과 전자기학을 연결해주는 실마리가 되어 특수상대성이론을 낳게 했습니다. 또한 원자의 세계를 다루는 양자역학 등 현대물리학도 빛의 비밀을 풀어가면서 알게 된 것이 많습니다. 이제 상대성이론의 관점에서 빛의 본성을 알아봅시다.

빛의 질량?

앞에서 살펴본 바와 같이 운동하는 물체의 **질량**과 **에너지**, **운동량**은 정확히 시공 삼각형의 세 변에 대응되어, 로렌츠 스칼라(높이)와 로렌츠 벡터의 두 성분(빗변, 밑변)의 관계가 성립하였지요[그림 15].

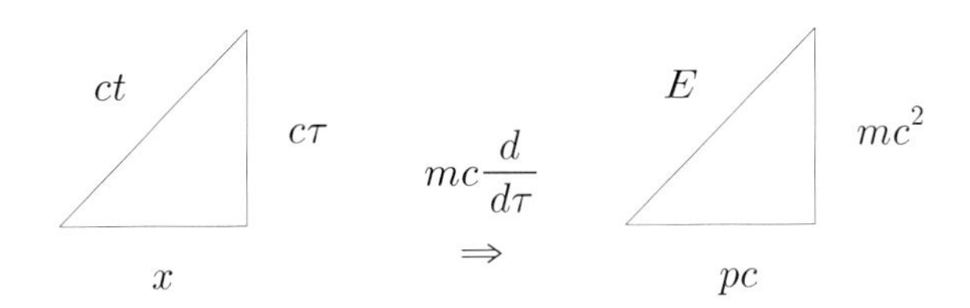

이 관계를 빛에 대해서도 적용할 수 있을까요? 그러려면 먼저 빛이라고 한 물리적 대상을 보다 분명하게 할 필요가 있습니다. 어떤 시간 t에서 빛의 위치 x가 정해지려면 연속적인 빛의 흐름이 아닌 매우 짧은 시간, 매우 짧은 거리의 '빛의 덩어리'를 고려해야 할 것입니다. 단, 원래의 빛의 성질을 잃지 않는 조건에서 말이지요. 이를 빛의 가장 작은 알갱이라는 의미로 **광자**(photon)라고 합니다. 광자는 운동하는 물체와 마찬가지로 어떤 시간과 위치에서 에너지와 운동량이 정의되고 측정될 수 있다고 가정합니다.13)

시공 삼각형을 광자에 적용하려면 한 가지 문제가 더 있습니다. 광자에서는 $v=c$, 즉 $\beta=1$이어서 γ가 무한대가 된다는 점입니다. 이

13) 광자의 개념은 처음에 플랑크가 흑체복사 현상을 설명하면서 빛에너지의 덩어리(광양자 light quantum)라는 뜻으로 도입되었다. 그 뒤 아인슈타인이 광전효과를 설명하면서 실제로 입자처럼 행동하는 광자(photon)라는 개념으로 구체화되었다. 그러나 한편, 광자의 에너지와 시간 또는 운동량과 위치를 동시에 측정하는 것은 양자역학의 불확정성 원리의 제한을 받는다.

때문에 γc나 γv와 같은 양이 정의되지 않아 '그림 11'의 속도 삼각형을 그릴 수가 없지요. 이 문제를 다르게 생각해볼까요? 원점에서 출발한 광자의 세계선은 $x = ct$이므로 시공 삼각형에서 빗변과 밑변이 같아지므로 높이에 해당하는 $c\tau$는 0이 됩니다. 빛은 우리가 볼 때 광속 c로 공간을 뻗어나가지만 그 시공 거리는 $s^2 = (ct)^2 - x^2 = 0$이 되어 언제나 제자리인 셈이지요. 이를 그림으로 나타내보겠습니다[그림 16].

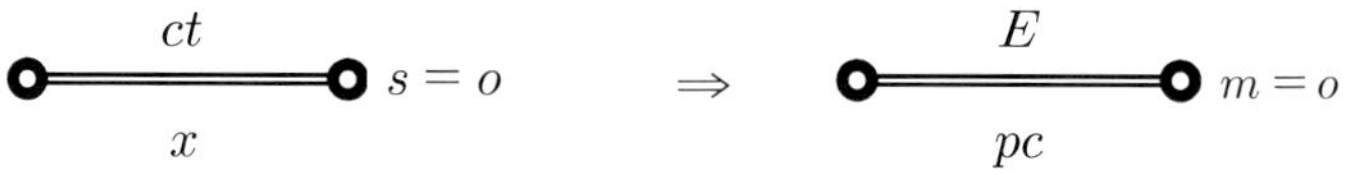

ct, x, $s = o$ $\Rightarrow$ E, pc, $m = o$

그림 16. 빛의 시공 '2각형'과 에너지-운동량 '2각형'

이 관계를 에너지-운동량 삼각형에서도 그대로 적용하면(로렌츠 스칼라, 로렌츠 벡터의 관계가 그대로 성립하므로) $E = pc$가 됩니다. 또한 높이는 $mc^2 = \sqrt{E^2 - (pc)^2} = 0$이므로 광자의 '정지질량'은 0이라는 중요한 결과를 얻습니다. 여기서 빛을 잡을 수 없는 이유를 다시 생각해보게 됩니다. 빛이 너무 빠르기도 하지만 빛을 잡았다고 해도 정지질량이 0이어서 잡고 나면 아무것도 없기 때문이지요. 빛은 오로지 자신의 고유한 속도로 움직임으로써만 존재하는 특별한 존재입니다!

광자의 에너지와 운동량

광자의 에너지와 운동량은 관찰자의 상대운동에 따라 어떻게 달라질까요? 광자는 $E = pc$이므로 에너지와 운동량이 똑같이 늘어나거나 줄어듭니다. 앞의 로렌츠 벡터의 변환 (31)에 $E = pc$를 대입하면 다음 식이 됩니다.

$$\begin{aligned} E' &= \gamma(E - \beta pc) = \gamma(1-\beta)E \\ p'c &= \gamma(pc - \beta E) = \gamma(1-\beta)pc \end{aligned} \tag{32}$$

위 식에서 관찰자의 운동 β의 부호는 빛의 전파방향을 기준으로 합니다. 빛과 같은 방향, 즉 광원에서 멀어질 때가 (+)이고 광원에 가까이 갈 때 (-)입니다.

한편 (32)의 식은 어디선가 본 듯하지 않나요? 바로 도플러 효과와 같은 꼴이지요. 광자의 에너지 및 운동량의 로렌츠 변환은 광자의 진동수 f에 대한 도플러 효과와 똑같습니다. 이로부터 짐작할 수 있는 바는 **광자의 에너지와 운동량이 진동수 f에 비례**할 것이란 점입니다.

$$E = hf \tag{33}$$

이 식은 바로 아인슈타인이 1905년 특수상대성이론을 발표하기 3개월 전에 먼저 발표되었던 광전효과에 대한 논문[14]에서 밝힌 내용입니다. 빛에너지가 진동수 $f = 1, 2, 3 \ldots$에 따라 양자화되어 있음을 보여주는 식이지요. 여기서 계수 h는 독일 물리학자 플랑크가 흑체복사를 설명하면서 도입한 **플랑크 상수**입니다. 위 식과 빛의 상대론적 식

---

14) 아인슈타인이 1905년 3월에 발표한 논문 <빛의 발생과 변환에 관련된 발견적 관점에 대하여>.

$E = pc$를 결합하면 광자의 운동량에 대한 양자화된 표현을 얻습니다.

$$p = \frac{hf}{c} = \frac{h}{\lambda} \tag{34}$$

그런데 이 식은 광자뿐 아니라 물질에도 적용될 수 있습니다. 바로 양자역학에서 물질파를 나타내는 드브로이 관계식이지요. 상대성이론에서 출발한 광자의 에너지와 운동량 식을 파동으로 나타내면 자연스럽게 양자역학에서 빛과 물질의 파동 개념에 도달하게 됩니다. 이렇게 빛은 고전역학과 전자기학은 물론 현대의 양자역학까지 맺어주는 연결 고리의 구실을 하고 있습니다.

#11

빛과 물질의 ‘밀당’

「광자가 유리에 입사하면, 광자는 유리 표면뿐 아니라 유리 안의 모든 전자들과 상호작용한다. 광자와 전자들은 일종의 춤을 추는 것이다.」

- 리처드 파인먼(1918-1988), QED

서로 좋아하는 사람 사이에 밀고 당기는 사랑싸움을 ‘밀당’이라 하지요? 우주의 모든 물체들은 힘과 운동의 법칙에 따라 밀고 당기는 힘을 주고받습니다. 물질과 빛 사이에도 이러한 ‘밀당’이 가능할까요?

앞서 빛을 입자인 광자로 생각할 때 광자 하나의 에너지는 hf, 운동량은 $\frac{hf}{c}$가 됨을 알게 되었지요. 그러면 물체가 빛을 내비치거나 받아들일 때 물체에는 어떤 일이 벌어질까요? 광자가 에너지와 운동량을 가지고 있으므로 빛의 주고받음에 따라 물체의 에너지와 운동량이 달라질 것임을 짐작할 수 있겠지요. 이 문제를 자세히 살펴보겠습니다.

아무런 힘도 작용하지 않는 공간에 질량 M인 상자가 정지해 있습니다. 조금 뒤 상자의 왼쪽 면과 오른쪽 면에서 각각 진동수 f인 광자를 동시에 방출했다고 하지요. 상자에는 어떤 변화[그림 17]가 있을까요?

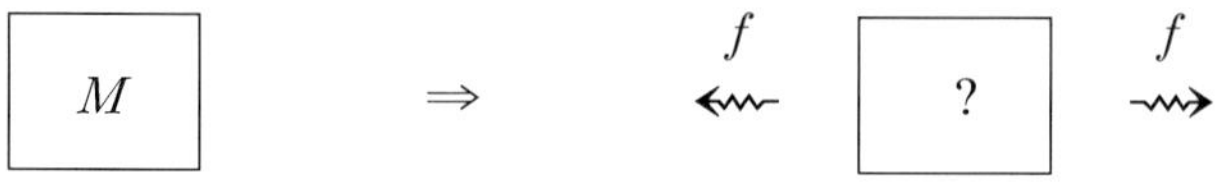

그림 17. 정지한 물체가 빛을 내비칠 때

먼저, 상자는 움직임이 있을까요? 광자의 운동량을 고려하면 광자가 방출될 때 물체는 그 반작용으로 힘을 받겠지요. 그런데 위 상황에서는 좌우로 똑같은 광자를 동시에 방출했으므로 두 힘이 상쇄되어 상자는 계속 정지 상태에 있게 됩니다. 한편 에너지 보존 법칙을 생각하면 광자가 빠져나간 만큼 상자의 에너지가 감소해야 합니다. 그런데 상자는 계속 정지 상태에 있으므로 운동에너지는 그대로이고 달라질 수 있는 상자의 에너지는 정지에너지, 즉 질량뿐입니다. 따라서 상자의 질량이 빠져나간 광자의 에너지만큼 감소해야 합니다.

$$Mc^2 = M'c^2 + 2hf \quad \Rightarrow \quad \Delta M = \frac{2hf}{c^2} \qquad (35)$$

위 식은 물체가 빛을 방출할 때 물체 질량이 감소함을 보여주고 있습니다. 반대로 빛을 흡수한다면 물체의 질량이 증가하겠지요. '#intro'에서 언급한 내용입니다.

자, 이번에는 위 상황을 왼쪽으로 v의 속력으로 움직이는 순이가 관찰하면 어떻게 될까요? 상자는 상대적으로 오른쪽으로 속력 v로 움직이는 것으로 보이겠지요. 이때 상자의 운동량은 상대론적 운동량 식에 따라 $p = \gamma Mv$ 입니다. 그리고 조금 뒤 광자가 방출되는 장면에서 순이가 볼 때는 두 광자의 진동수가 다르게 관찰될 것입니다. 바로 도플러 효과(또는 로렌츠 변환) 때문이지요[그림 18]!

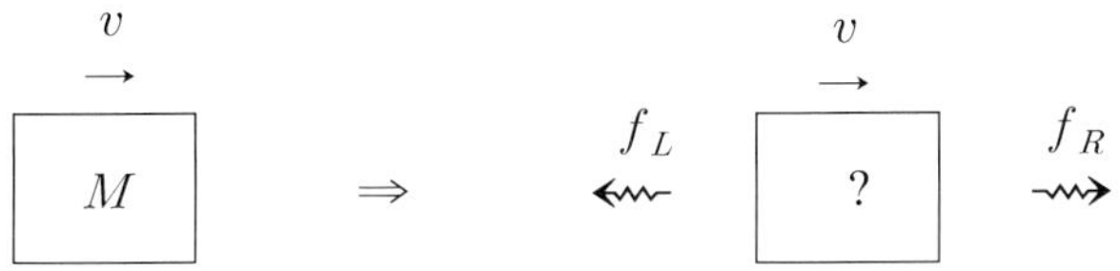

그림 18. 움직이는 물체가 빛을 내비칠 때

순이와 같은 방향으로 진행하는 왼쪽 광자는 진동수가 $f_L = \gamma(1-\beta)f$로 감소하고 반대로 마주 보는 오른쪽 광자는 진동수가 $f_R = \gamma(1+\beta)f$로 증가합니다(실제로는 두 개의 측정 장치를 준비해서 상자 양쪽에서 각각 측정해야겠지요). 이에 따라 두 광자의 운동량은 완전히 상쇄되지 않고 오른쪽 성분이 남게 되는데 그 크기는

$$\Delta p = \frac{hf_R}{c} - \frac{hf_L}{c} = 2\gamma\beta\frac{hf}{c} \tag{36}$$

가 됩니다. 광자의 알짜 운동량이 오른쪽 성분이 추가되었으므로 전

체 운동량이 보존되려면 순이가 볼 때 오른쪽으로 움직이고 있던 상자의 운동량 γMv가 감소되어야 합니다. 그런데 순이가 관찰하는 상자의 상대속력은 여전히 v이므로 (광자 방출 뒤에도 정지한 상자를 상대속력 v로 관찰하므로) γMv가 감소하려면 질량 M이 감소할 수밖에 없습니다.

$$\begin{aligned} \gamma Mv &= \gamma M'v + 2\gamma\beta\frac{hf}{c} \\ \therefore \quad \Delta M &= \frac{2hf}{c^2} \end{aligned} \qquad (37)$$

역시 에너지 보존 $E = mc^2$으로 풀이한 (33)과 같은 결과를 얻게 됩니다. 이 풀이는 $E = mc^2$을 가정하지 않고도, 도플러 효과와 운동량 보존법칙을 이용하여 같은 결과를 얻을 수 있음을 보여주는 흥미로운 예입니다.[15)]

태양이 빛날 때

물체에 빛이 쪼여지면 빛의 에너지와 운동량이 전달되며 반대로 물체가 빛을 내비치면 그만큼의 에너지와 운동량이 감소하게 됩니다. 우리가 살고 있는 지구와 하늘에 빛나는 태양이 바로 그 예입니다.

지구 상공에서 햇빛은 약 $1.36\mathrm{kW/m^2}$의 세기로 쏟아지고 있습니

---

15) *Rohrlich, Fritz (1990), "An elementary derivation of $E = mc^2$."*

다. 이를 태양상수 I_o라고 하지요. 이 세기는 태양전지판 1m^2 넓이에서 전기로 바꾸었을 때 약 270W의 전력(효율 20%라 가정합니다)을 얻는 것에 해당합니다. 그러나 이것은 태양이 내비치는 전체 빛에너지의 극히 일부에 불과하지요. 매초 쏟아지는 햇빛의 전체 에너지 P (kW)를 구하려면 태양에서 지구까지 거리 $r=$ 1억 5천만 km(1AU)를 반지름으로 하는 구의 표면적 $4\pi r^2$에 태양상수 I_o를 곱하여 구합니다.

$$P = 4\pi r^2 I_o \approx 3.8\times 10^{23}\,\text{kW} \tag{38}$$

1초당 무려 20조 곱하기 20조 줄(J)에 이르는 에너지이지요. 이 막대한 에너지는 태양 깊은 곳에서 수소를 태워 헬륨을 만들어내는 수소 핵융합 반응의 결과입니다. 이때 질량이 줄어들면서 mc^2만큼의 에너지가 빛에너지로 방출되는 것이지요. 이에 따른 매초 태양 질량의 감소량을 $E=mc^2$으로 구하면,

$$\triangle m = \frac{\triangle E}{c^2} = \frac{P\triangle t}{c^2} \approx 4.3\times 10^{9}\,\text{kg} \tag{39}$$

매초 430만 톤의 질량이 빛에너지로 바뀌어 우주 공간에 뿌려지는 셈입니다. 태양이 눈부시게 빛날 때 태양 스스로는 점점 야위어가지요. 태양이 영원히 빛날 수 없는 이유이기도 합니다.

[상대론 한 걸음 더 3] 햇빛을 바람 삼아 - 우주돛단배(solar sail)

햇빛을 바람 삼아 우주를 항해하는 돛단배를 그려볼 수 있을까? 우주돛단배는 얼마나 빨리 날아갈 수 있을까? 우주돛단배를 타고 외계 우주여행을 떠날 수도 있을까? 그게 가능하다면 정말 꿈같은 이야기일 것이다. 이 문제를 자세히 살펴보자.

지구 상공에서 1 m^2에 초당 쏟아지는 햇빛은 1,360 J이다. 빛은 에너지뿐 아니라 운동량도 가진다. 광자의 운동량 식 $p = E/c$을 이용해 햇빛이 1m^2에 작용하는 힘, 즉 광압을 구해보자. 힘은 시간당 운동량의 변화 $f = \frac{\Delta p}{\Delta t}$이고 빛이 거울면에서 완전반사 할 때 운동량의 변화량은 원래 운동량의 2배가 된다. $\Delta p = p - (-p) = 2p$. 따라서 광압은

$$P_{rad} = \frac{\Delta p}{\Delta t A} = \frac{2E}{c \Delta t A}$$

$$= \frac{2 \times 1360\,\mathrm{W}}{3 \times 10^8 \mathrm{m/s} \times 1\mathrm{m}^2} \approx 9 \times 10^{-6}\,\mathrm{N/m^2} \tag{40}$$

위 식에서 구한 압력은 1m^2당 1 밀리그램의 무게밖에 안 되는 너무나 미미한 압력이다. 그러나 이 압력이 아주 오랫동안 지속적으로 작용한다면 티끌 모아 태산이듯 매우 큰 속력을 얻을 수 있다. 그렇

지만 또 한 가지 문제가 있다. 태양이 우주선을 햇빛으로 밀어줄 수 있지만 반대로 중력으로 잡아당기기도 하기 때문이다(지구로부터는 충분히 벗어나 있다고 가정한다). 지구 부근에서 작용하는 태양의 중력가속도는 대략 지구 공전운동의 구심가속도로 어림할 수 있다. 태양에서 지구까지 거리 r_o, 지구 공전주기 T(1년 $\approx 3.15\times 10^7$초)라 하면,

$$g_{sun} \approx \frac{4\pi^2 r_o}{T^2} \approx \frac{4\pi^2\times 1.5\times 10^{11}\,\mathrm{m}}{(\pi\times 10^7\mathrm{s})^2} = 0.006\,\mathrm{m/s^2} \tag{41}$$

자, 이제 우주돛단배의 질량을 m(kg), 돛(반사판)의 넓이를 L^2(m^2)이라 하고 광압에 의한 가속도에서 태양 중력가속도를 뺀 값을 구하면,

$$a_o \approx 9\times 10^{-6}\times\frac{L^2}{m} - 0.006\,\mathrm{m/s^2} \tag{42}$$

위 식에서 보듯 우주돛단배가 큰 가속도를 가지려면 돛이 크고 질량은 매우 가벼워야 한다. 우주선이 태양 중력을 이기고 가속되려면, 즉 $a_o > 0$이려면 돛의 면밀도(m/L^2)가 $1.5\mathrm{g/m^2}$ 이하여야 한다.

이제 모든 난관을 극복하고 우주돛단배가 만들어져 우주항해를 떠난다고 하자. 우주돛단배가 얻을 수 있는 최대 속력은 어느 정도일

까? 여기서 재미있는 점은 태양에서 멀어질수록 태양광의 압력과 중력이 모두 태양으로부터 거리 r에 따라 $\frac{1}{r^2}$로 약해진다는 것이다. 이를 고려하여 우주돛단배의 최대 운동에너지 K를 구하면,

$$K = \int_{r_o}^{r} F(r)\, dr = \int_{r_o}^{r} F_o \frac{r_o^2}{r^2}\, dr \approx F_o r_o \ (r \to \infty) \tag{43}$$

위 식에서 $F(r)$는 거리 r에서 우주선이 받는 힘이고 F_o는 지구 위치 r_o에서 우주선이 받는 힘의 크기 $F(r_o) = ma_o$이다. 운동에너지 $K = \frac{1}{2}mv^2$으로부터 최대 속력 $v_{\max}$를 구하면,

$$v_{\max} \approx \sqrt{2a_o r_o} \tag{44}$$

예를 들어보자. 돛의 크기가 $1{,}000\ \mathrm{m}^2$이고 질량이 1 kg이면 면밀도가 $1\ \mathrm{g/m^2}$이 된다(알루미늄 호일보다 40배는 가벼우면서도 튼튼하고 반사가 잘 되는 재질이 필요하다!). 이를 (42)에 대입하여 초기 가속도를 구하면 $a_o \approx 0.003\ \mathrm{m/s^2}$이다. 우주돛단배가 $r_o = 1\mathrm{AU}$에서 출발하여 태양계를 벗어나면서 얻을 수 있는 최대 속력은 위 식으로부터 약 $30\ \mathrm{km/s}$, 공기 중 음속의 90배에 이른다.

스타샷 라이트세일 (starshot lightsail)

과학자들은 앞으로 50년 이내에 지구에서 태양 다음으로 가장 가까운 (그렇다 해도 4.3광년 떨어져 있는) 별 '알파 센타우리'로 우주 탐사선을 보내는 계획을 추진하고 있다. 여기에도 '우주돛단배'의 원리가 적용된다. 다만 차이점은 태양빛이 아닌 극초단파 레이저 광선을 이용한다는 것이다. 우주선은 손톱 크기만 한 칩으로 만들고 여기에 나노 소재를 이용한 매우 가벼운 돛을 달아 레이저 광선으로 0.2c의 속력까지 가속하면 20년 안에 센타우리 항성계의 행성에 도착할 수 있다고 한다.[16)]

16) BREAKTHROUGH STARSHOT(breakthroughinitiatives.org)

#12

등가원리 - 상대성이론과 중력의 만남

소년은 자전거를 끌고 언덕 높은 곳으로 올라갔다. 길은 언덕 꼭대기에서 구불구불하게 이어져 언덕 아래 마을로 이르고 있었다. 소년은 자전거에 몸을 싣고 균형을 잡았다. 그러자 자전거는 마치 길을 알고 있었다는 듯이 거침없이 달리기 시작했다. 소년은 눈앞에 바쁘게 펼쳐지는 길을 응시했다. 저 멀리에 구불구불하게 놓여 있던 길들이 막상 눈앞에 다가오면 곧게 일자로 펼쳐지는 것을 소년은 신기하게 생각하는 중이었다.

지금까지 특수상대성이론을 살펴보았습니다. 특수상대성이론은 아무런 힘이 작용하지 않아 등속도로 움직이는 관찰자들, 즉 관성계에서 성립하는 물리법칙을 다룬 것이지요. 그러나 아무런 힘이 작용하지 않는 공간이란 말 그대로 매우 특수한 경우에 해당합니다. 우리가 살고 있는 지구를 비롯하여 태양계, 은하, 나아가 우주 공간에는 크든 작든 대개 중력이 작용하고 있습니다. 중력이 작용하고 있는 공간을 **중력장**이라고 하지요. 중력장에서 모든 물체는 중력을 받아 가속운동을 하게 됩니다. 그 안의 관찰자도 예외가 아니지요. 가속운동을 하는 관찰자가 볼 때도 상대성이론이 성립할 수 있을까요? 중력장에서도 광속은 여전히 일정할까요? 중력장에서는 상대성원리를 어떻게 적용할 수 있을까요?

1907년, 특수상대성이론을 완성하고 얼마 지나지 않은 아인슈타인의 머릿속에서는 다시금 새로운 질문들이 어지럽게 떠오르고 있었지요. 그것은 '관성계에서 성립했던 상대성이론이 과연 비관성계 또는 중력장에는 어떻게 적용될 수 있는가'라는 문제였습니다.

아인슈타인의 사고 실험 - 자유낙하[17] 하는 승강기

만일 여러분이 타고 있는 승강기가 갑자기 줄이 끊어져 그대로 지면으로 떨어진다면 어떨까요? 물론 생각만 해도 끔찍하지요. 그러나 지면에 추락하기에 앞서 적어도 잠시 동안은 무중력 상태를 체험할 수 있습니다. 아직 승강기가 움직이기 전, 승강기 안의 체중계 위에 올라선 순이의 몸무게는 50kg힘으로 나타나 있습니다. 곧이어 승강기가 자유낙하를 시작하면 체중계 눈금은 어떻게 될까요? 눈금은 놀랍게도 0을 가리키고 있습니다! 어떻게 된 일일까요? 승강기가 낙하하는 동안 갑자기 지구가 사라지기라도 한 걸까요?

승강기 밖의, 지면에 서 있는 돌이가 볼 때 순이는 승강기와 함께 중력가속도 $9.8\mathrm{m/s^2}$로 낙하하고 있습니다. 중력을 받아 가속운동 하

17) 물체가 오로지 중력만 받으며 운동하는 상태를 말한다. 여기서 초기 조건, 즉 처음 위치나 속도는 무관하다. 따라서 자유낙하운동은 지표면 부근의 연직낙하운동뿐 아니라 포물선운동과 행성의 타원운동, 쌍곡선운동 등을 모두 포함한다.

는 중이지요. 그러나 승강기 안에 갇혀 승강기가 낙하하고 있다는 것을 미처 깨닫지 못한 순이는 어리둥절합니다. 잠시 승강기가 흔들릴 때 손에서 놓친 휴대폰이 신기하게도 공중에 둥둥 떠 있는 것을 보게 됩니다. 바로 우주정거장 안에서 우주인이 떠 있는 것과 같은 장면입니다. 우리가 흔히 '무중력' 상태라고 부르는 것이지요. 그러나 사실 이 경우 '무중력' 상태란 말은 말처럼 중력이 없어졌다는 뜻이 아닙니다. 중력이 작용하고 있긴 하지만 그 효과가 드러나지 않은 상태, 다시 말해 그 효과를 관찰할 수 없는 상태입니다. 중력만이 작용하여 모든 물체가(관찰자를 포함하여!) 똑같이 떨어지고 있는 상태에서는 정작 중력의 효과는 사라집니다. 즉, 자유낙하 상태는 그 안에서 보면 마치 관성계와 비슷한 상태가 된다는 것입니다. 이 생각에 이르렀을 때 아인슈타인은 깜짝 놀랐지요.

방금, 중력이 작용하지만 그 효과가 나타나지 않는 상황을 예를 들었지요. 이번에는 반대로 중력이 작용하고 있지 않지만 마치 중력이 작용하는 것 같은 상황도 생각해볼 수 있습니다. 별이나 행성 등 중력원과 충분히 멀리 떨어진 곳('진짜 무중력' 공간)에서 가속도 $9.8 m/s^2$로 위쪽으로 가속되고 있는 승강기(또는 우주선)를 떠올려봅시다. 이번에는 무중력 공간임에도 체중계에 서 있는 순이의 몸무게는 정확히 50kg힘으로 나타납니다. 게다가 손에서 놓친 휴대폰은 바닥을 향해 가속도 $9.8 m/s^2$로 '자유낙하' 하지요. 바로 우리가 사는 지표면과 같은 상황입니다. '진짜 중력'은 사라졌지만 가속운동만으로 중력과 똑같은 효과가 나타난 거지요. 이렇게 중력의 효과는 가속운동에 따라 사라지기도 하고 새로 생겨나기도 합니다.

등가원리

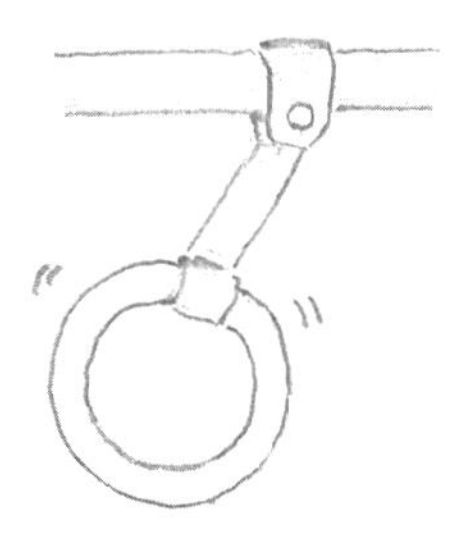

관찰자의 가속운동에 따른 겉보기힘을 **관성력**이라 합니다. 버스가 갑자기 출발하거나 멈출 때, 질주하는 롤러코스터를 타고 이리저리 흔들릴 때 우리 몸이 느끼게 되는 힘이지요. 관성력은 중력과 어떤 관련이 있을까요?

버스를 타고 가는 승객이 졸다가 문득 잠이 깨서 버스 손잡이가 기울어져 있는 것을 봅니다. 만약 버스 밖 상황을 전혀 알지 못한다면 버스 안 승객은 손잡이가 기울어져 있는 원인에 대해 두 가지 해석을 할 수 있지요. 버스가 비탈길을 오르고 있다고 생각할 수도 있고 아니면 평지에서 가속운동 중이라고 생각할 수도 있습니다. 두 가지 경우 모두 물리적으로 가능한 일이지요. 앞서 승강기의 상황에서도 마찬가지였지요. 승강기 안의 순이가 밖의 상황을 전혀 볼 수 없다면(승강기의 운동을 알 수 없다면) 체중계에 표시된 자신의 몸무게가 **중력에 의한 것인지 가속운동에 따른 관성력에 의한 것인지 전혀 구별할 수 없다**는 것입니다. 가속운동에 따라 '중력의 효과'는 사라지기도 하고 나타나기도 하기 때문이지요. 이와 같이 중력과 관성력의 효과를 물리적으로(어떤 실험으로도!) 구별할 수 없다는 것을 **등가원리**라고 합니다. 바로 아인슈타인이 일반상대성이론을 착안하게 된 출발점이지요.

등가원리와 상대성원리

물리 법칙은 관찰자와 무관하게 성립해야 한다는 것을 상대성원리라고 하지요. 상대성원리의 원조는 갈릴레이라 할 수 있습니다. 일찍이 갈릴레이는 정지 상태와 운동 상태가 절대적으로 구별될 수 없음을 주장하였지요[#01]. 단, 이 경우 운동 상태는 등속도운동에 국한됩니다. 따라서 강둑 위에서나 흐르는 강물 위의 배에서나 물리 법칙은 똑같이 성립해야 하지요. 그리하여 뉴턴의 운동 법칙 $F = ma$는 등속도로 상대운동(갈릴레이 변환) 하는 관성계 관찰자에게 똑같이 성립하도록, 즉 상대성원리를 만족하도록 만들어졌습니다[#02]. 나아가 상대성원리를 전자기파 그리고 매우 빠른 속도로 움직이는 물체를 포함하여 모든 관성계에 철저히 적용하면 바로 특수상대성이론에 이르게 됩니다. 다시 말해, 모든 관성계에 대해 광속 일정 등 전자기학 법칙도 동일하게 성립하도록 갈릴레이 변환을 수정하면 새로운 시공간 변환인 로렌츠 변환을 얻게 됩니다[#04].

아인슈타인은 특수상대론으로 물리학의 거인 뉴턴의 어깨를 넘어섰지요. 그런데 아인슈타인은 여기서 한 걸음 더 나아갑니다. 물리 법칙은 관찰자와 무관하게 성립해야 한다는 상대성원리를 관성계뿐 아니라 중력을 포함하는 비관성계까지 확장해보자는 것이지요. 그 출발점이 바로 등가원리입니다. 강둑 위에서, 그리고 움직이는 강물의 배 위에서 성립한 관성의 법칙이 자유낙하 하는 승강기 안에서도 성립할 수 있을까요? 강둑 위에서, 그리고 지표면 위에서 성립한 낙하 법칙이 무중력 공간의 가속운동 하는 우주선 안에서도 성립하도록 할 수 있을까요? 물리 법칙이 관성계뿐 아니라 중력장을 포함하는 비관성계에서도 같은 식으로 성립하려면 시간과 공간은 어떻게 그려져야 할까요?

갈릴레이의 사고 실험
– 가벼운 돌과 무거운 돌을 묶어서 떨어뜨리면?

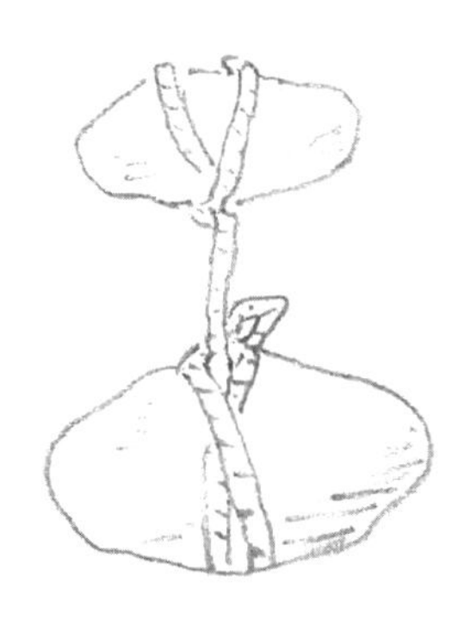

등가원리가 성립하는 이유에 대해 더 살펴봅시다. 앞서 등가원리의 예로 자유낙하 하는 승강기를 들었습니다. 자유낙하 하는 승강기 안의 관찰자는 중력에 의한 가속 효과를 전혀 알아챌 수 없다는 것인데요, 이렇게 되려면 승강기 안의 **모든 물체가 똑같은 가속도로 낙하한다**는 조건이 필요합니다. 이는 바로 갈릴레이가 1638년 그의 책 **<새로운**

두 과학>에서 **논증**했던 내용이지요(갈릴레이가 피사의 사탑에서 낙하 실험을 했다는 주장이 있지만 확인된 사실은 아니라고 합니다).

갈릴레이는 무거운 물체가 가벼운 물체보다 빨리 떨어진다는 아리스토텔레스의 주장을 반박하기 위해 하나의 **사고 실험**을 제안합니다. 가벼운 돌과 무거운 돌을 줄로 묶어서 떨어뜨리면 어떻게 되겠는가 하는. 만일 아리스토텔레스 주장대로 가벼운 돌의 속력(v_1)이 무거운 돌의 속력(v_2)보다 느리다면, 두 돌을 묶은 전체의 속력(v)은 무거운 돌은 빨리 가려고 하고 가벼운 돌은 천천히 가려고 하므로 서로 잡아당기는 힘으로 그 중간 속력이 되어야 합니다($v_1 < v < v_2$....①). 그러나 한편, 두 돌을 묶은 것을 하나의 물체로 보면 전체 질량이 커졌으므로 낙하 속력은 따로따로인 두 돌보다 더 빨라져야 한다는 추론도 가능하지요($v_1 < v_2 < v$....②). ①, ②가 서로 모순되므로 처음의 가정, 무거울수록 낙하 속력이 더 빠르다는 주장은 오류임이 분명하지요(귀류법). 결국 낙하 속력은 물체 질량과 무관해야만 합니다.

여기서 우리가 눈여겨볼 점은 중력에 이끌리는 물체의 운동이 물체 자신의 **질량이나 구성 성분에 무관**하다는 것입니다.[18] 오로지 외부에서 작용하는 중력장의 크기에만 의존하지요. 따라서 중력에 따른 물체의 가속도가 같아지므로 물체 사이의 상대가속도가 0이 되어 그 안에

---

18) 중력을 받아 운동하는 물체의 운동방정식은 운동 2법칙에 따라 $m_i\vec{a} = \vec{F_g}$라 쓸 수 있다. 이때 가속도에 곱해진 질량 m_i는 가속되기 어려운 정도, 즉 관성의 크기를 나타내는 질량으로 **관성질량**이라 한다. 한편 중력은 중력가속도가 $\vec{g}$일 때 $\vec{F_g} = m_g\vec{g}$인데 이때의 질량 m_g는 중력을 일으키는 원인으로서의 질량으로 **중력질량**이라 한다. 관성질량과 중력질량이 특별히 같아야 할 물리적 이유는 없으나 엄밀한 실험에 따르면 정확한 비례관계 $m_i \propto m_g$가 성립한다. 이는 등가원리의 또 다른 표현이다.

서 보면 모두 등속도운동으로 보이게 됩니다. 등가원리가 성립하는 이유입니다.

한편, 떨어지는 물체들의 가속도가 똑같아지려면 그 공간 안의 중력가속도의 크기와 방향이 모두 같아야 합니다. 지표면에서 낙하하는 승강기 내부와 같이 '매우 좁은 영역'에서 보면 그 안의 중력가속도는 크기나 방향이 거의 차이가 없겠지요. 여기서 '매우 좁은 영역'이라 함은 상대적임에 유의해야 합니다. 즉, 지구 크기에 비해 승강기 내부는 매우 작기 때문에 중력가속도의 차이를 무시할 수 있다는 의미입니다. 마찬가지로 지구가 태양 인력을 받아 약 30 km/s의 속력으로 공전운동을 하지만 정작 지구에서 사는 우리는 태양 중력의 효과는 별로 느끼지 않으며 살고 있지요.[19] 이 또한 지구가 태양-지구 거리에 비해 '매우 좁은 영역'이기 때문입니다($\approx 1/10{,}000$). 반대로, 달의 중력은 지구 전 범위에서 밀물 썰물 현상으로 나타나는데, 지구에서 달까지의 거리로 보아도 지구 크기를 무시할 수 없는 경우이지요($\approx 1/30$).

지금까지 일반상대성이론의 출발점이 된 등가원리에 대해 알아보았습니다. 중력이 미치는 공간을 아주 작은 영역에서 보면 중력가속도가 거의 일정하며 이때 중력의 효과는 가속운동의 효과로 바꿔서 해석할 수 있다는 것이지요. 다음 장에서는 등가원리를 물리 상황에 적용할 때 어떤 결과가 나오는지 알아봅니다.

---

19) 지구 안에서 볼 때 태양 중력의 효과가 미미한 이유가 그 크기가 약하기 때문은 아니다. 지구에 작용하는 태양의 중력가속도는 지표면 중력가속도의 6/10,000 정도이나 이는 달이 지구에 미치는 중력가속도보다 160배나 큰 값이다. 여기에서 중요한 것은 중력가속도의 크기 자체가 아니라 지구 안에서 작용하는 '중력가속도의 차이'이다. 이와 같이 위치에 따른 중력가속도 차이로 나타나는 현상을 조석 현상, 이와 관련된 힘을 조석력이라 한다.

#13

빛이 추락할 때

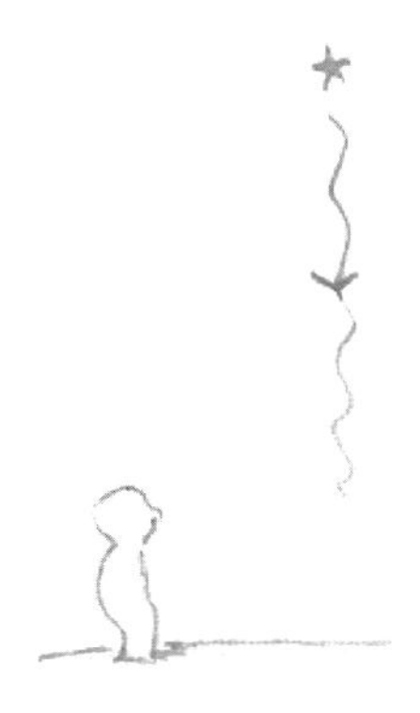

빛은 가벼우나 물질과 마찬가지로 낙하한다.
Light is light but falling as like matter.

전자기학 그리고 특수상대성이론에 따르면 빛은 진공을 일정한 속력 c로 직진하며 에너지와 운동량 p는 $E=pc$인 관계가 있습니다. 한편 빛의 양자론에서는 빛을 에너지 덩어리인 광자로 여기며 그 에너지는 진동수 f일 때 $E=hf$이고(h: 플랑크상수) 운동량은 파장 λ와 $p=\frac{h}{\lambda}$인 관계가 있지요. **#10**에서 살펴본 빛의 성질입니다. 이러한 성질을 갖는 빛이 중력장을 지날 때는 어떤 일이 일어날까요? 빛도 중력의 영향을 받을까요?

빛이 지표면에 나란히 입사할 때

중력장에서 돌멩이를 비스듬히 던지면 포물선을 그리며 떨어집니다. 총알이라면 더 멀리 날아가지만 결국 포물선을 그리며 땅으로 떨어지기는 마찬가지이지요. 이렇게 생각하면 보통의 물체와는 비할 수 없이 빠른 빛이라 하더라도 그 속력이 유한하므로 아주 조금이라도 휘어지지 않을까요?

이 문제를 등가원리로 풀어볼 수 있습니다. 등가원리에 따라, 지상의 중력장 대신 우주 공간에서 가속도 g로 가속운동 하는 우주선 내부로 장면을 바꿔봅시다. 우주선 밖의 돌이가 보면 빛은 우주 공간을 직진하고 있습니다. 우주선 안의 순이가 관찰하면 어떻게 보일까요? 빛이 우주선을 지나는 잠시 동안에도 우주선이 앞으로 나아가므로 빛은 처음 들어온 곳보다 조금은 뒤쪽으로 치우치게 됩니다. 빛의 진행 방향이 바뀌게 되는데 이를 **광행차 현상**이라 합니다. 빛속을 달리는 차 안에서 볼 때 빗줄기가 기울어져 보이는 것과 같은 이치입니다. 자동차의 경우나 또는 우주선이 일정한 속도로 움직이고 있다면 빛이 기울어진 각도도 일정하여 방향은 달라지지만 여전히 직선운동으로 보이지요. 그런데 우주선이 등속운동이 아니라 가속운동 한다면 속력이 증가함에 따라 빛의 기울기도 점점 커져서 결국 빛의 경로는 곡선이 됩니다. 결국 관찰자가 가속운동 하면 빛이 휘어져 보인다는 것이지요!

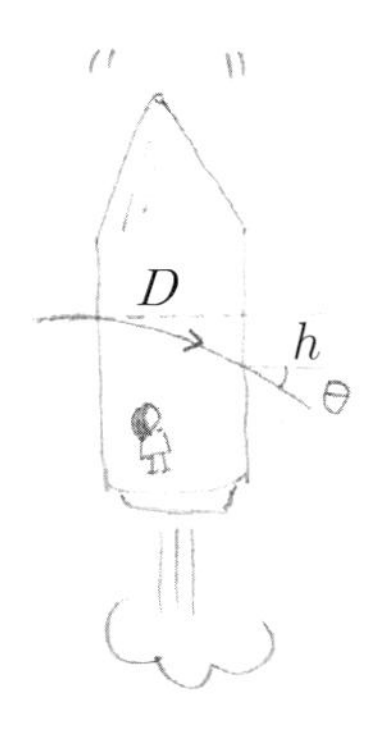

그림 19. 빛의 휨

다시 중력이 작용하는 지표면으로 돌아옵시다. 등가원리에 따르면 지표면 중력장에서의 상황은 가속운동 하는 우주선 안과 같은 상황입니다. 가속운동 하는 우주선에서 빛이 뒤쪽으로 휘어졌으므로 중력장에서도 마찬가지로 수평으로 입사한 빛의 경로는 지면 쪽으로 휘어져야 합니다. 빛도 물질과 마찬가지로 중력에 이끌립니다! 예를 들어, 아주 밝은 별 앞에 매우 무거운 천체가 놓이게 되면 천체의 중력으로 별빛이 휘어져 보이게 됩니다. 돋보기가 빛을 굴절시키듯이 중력은 빛을 중력 방향으로 굴절시키지요. 이런 의미에서 중력에 따른 빛의 휨을

중력 렌즈 현상이라고도 합니다.

이에 관한 유명한 일화가 있습니다. 아인슈타인이 일반상대론을 발표하고 얼마 지나지 않은 1919년 5월 29일, 영국의 천문학자 에딩턴은 천문대를 이끌고 개기일식이 예정되어 있는 아프리카의 한 섬으로 향했습니다. 일식이 일어나는 동안 그는 여러 장의 사진을 찍었지요. 사진에는 태양 가까이에, 낮에는 도저히 볼 수 없을 별들이 선명히 찍혀 있었습니다. 달이 강렬한 태양빛을 가려준 덕이지요. 태양 가까이 나타난 별들의 위치를 그 전에 찍어놓았던 다른 사진과 비교했을 때 원래 위치보다 살짝 어긋나 있음을 확인할 수 있었습니다. 바로 태양 중력에 의한 별빛의 휘어짐을 최초로 관측한 것이지요! 아인슈타인의 일반상대론이 극적으로 검증된 순간입니다.

<에딩턴 천문대가 찍은 1919년 5월 29일 개기일식 사진>

빛도 돌멩이처럼 중력에 끌린다고 생각하면 빛이 지표면에서 얼마

나 휘어질지 대략 추정해볼 수 있습니다. 중력가속도 g인 지표면에서 빛이 수평거리 D만큼 가는 동안 빛이 '낙하'하는 높이 h를 포물선운동으로부터 구하면[그림 19],

$$h = \frac{1}{2}gt^2 \approx \frac{1}{2}g\frac{D^2}{c^2} \tag{45}$$

이때 휘어지는 각을 θ라고 하면,

$$\theta \approx \tan\theta \approx \frac{h}{D} \approx \frac{gD}{2c^2} \tag{46}$$

에딩턴이 관측했던 태양 표면에서 빛의 휘어짐을 이 식으로 구해볼까요? 태양 표면의 중력가속도는 지구의 약 30배로 $g_{\text{sun}} \approx 300\ \text{m/s}^2$이고 빛이 지나는 거리 D를 태양 지름 정도로 보면 $D \approx 2R_{\text{sun}} \approx 1{,}400{,}000$ km입니다. (46)에 대입하여 계산하면 약 백만 분의 2rad(0.4각초)쯤 됩니다. 참고로, 일반상대론의 자세한 계산에 따르면 $\theta \approx \frac{2gD}{c^2} \approx 1.7''$(각초)이며 이는 여러 차례 관측으로 확인되었지요.

빛이 연직으로 입사할 때

이번에는 빛이 연직으로, 즉 중력과 나란한 방향으로 입사하는 경우를 생각해봅시다. 이 경우라면 빛이 특별히 다른 방향으로 휘어지지는 않겠지요. 평평한 유리면에 빛이 수직으로 입사할 때 굴절 없이 그대로 직진하는 것과 마찬가지입니다. 또한 광속은 일정하지요. 그렇다면 여기서는 빛에 어떤 변화가 일어날 수 있을까요? 역시 등가원리로 살펴보지요.

가속도 g로 가속운동 하는 우주선의 내부로 돌아가지요. 우주선 앞에는 돌이가 타고 있고 뒤에는 순이가 타고 있습니다. 어느 순간 우주선 앞쪽 창문으로 빛이 들어와서 돌이를 지나 우주선 맨 뒤의 순이에게 도달한다고 합시다. 이때 돌이와 순이는 모두 원래의 빛보다 짧은 파장의 빛을 관찰하게 됩니다. 우주선이 광원에 다가갈 때의 도플러 효과, 청색편이지요. 그런데 두 사람 중에 순이는 돌이보다 더 짧은 파장의 빛을 관찰하게 됩니다. 왜냐면 빛이 돌이를 지나 순이에게 이르는 동안에도 우주선이 계속 가속되어 도플러 효과가 더 커지기 때문이지요. 빛이 돌이에서 순이까지 진행하는 동안 우주선이 가속된 양은 $\Delta v = g\Delta t \approx \frac{gL}{c}$($L$은 우주선 길이)입니다. 돌이와 순이가 보는 빛의 진동수를 각각 f, f'이라 하면 도플러 효과 식(21)을 이용하여,

$$f' = \gamma(1+\beta)f \approx (1+\frac{gL}{c^2})f \tag{47}$$

가 됩니다. 다시 이 결과를 등가원리에 따라 중력이 작용하는 지표면에 적용할 수 있습니다. 빛이 지상으로부터 높이 L인 곳에서 지표면으로 '낙하'하면 (47)로부터 빛의 진동수는 $\frac{gL}{c^2}f$만큼 증가함을 알 수 있습니다.

여기서 흥미로운 점은, 위 결과를 빛의 에너지 변화라는 관점에서 해석해볼 수도 있다는 것이지요. 빛(광자)의 에너지는 $E = hf$ 이고 한편 에너지는 질량과 $E = mc^2$ 의 관계가 있지요. 따라서 에너지 $E = hf$ 를 가진 광자는 $'m' = \frac{hf}{c^2}$ 만큼의 '질량'으로 중력에 끌릴 것입니다. 이 광자가 높이 L 만큼 낙하할 때 광자의 에너지는 $\triangle E = 'm'gL = \frac{hf}{c^2}gL$ 만큼 늘어나며 이에 따라 진동수도 증가하여 (47)과 같은 결과를 얻게 됩니다.

[상대론 한 걸음 더 4] 별빛을 바라볼 때 - 중력 도플러 효과

지표면 부근 중력장에서 빛의 진동수 변화에 관한 식 (47)을 보다 먼 거리까지 적용할 수 있도록 일반화해 보자. 질량 M인 구형 천체 중심에서 거리 r인 곳의 중력 퍼텐셜 에너지는 $-\dfrac{GMm}{r}$이다.[20] 광자가 r_1에서 r_2로 진행할 때 퍼텐셜 에너지를 포함한 광자의 총에너지는 일정하다.

$$E_1 - \frac{GMm_1}{r_1} = E_2 - \frac{GMm_2}{r_2} \tag{48}$$

여기서 광자의 '질량' $m = \dfrac{E}{c^2}$으로 생각하고, $E_1 = hf_1$, $E_2 = hf_2$를 대입하고 정리하면,

$$\frac{f_2}{f_1} = \frac{1 - \dfrac{GM}{r_1 c^2}}{1 - \dfrac{GM}{r_2 c^2}} \approx 1 + \frac{GM}{c^2}\left(\frac{1}{r_2} - \frac{1}{r_1}\right) \tag{49}$$

두 번째 식에서 분모항은 이항전개 $(1+x)^{-1} \approx 1-x$로 근사했다.

예를 들어보자. 반지름 R인 별의 표면($r_1 = R$)에서 나온 별빛을 충분히 먼 곳($r_2 = \infty$)에서 관측하면 별빛의 진동수는

$f_2 \approx f_1(1-\frac{GM}{Rc^2}) = f_1(1-\frac{gR}{c^2})$와 같이 감소한다. 여기서 별 표면의 중력가속도 $g=\frac{GM}{R^2}$이다. 파장으로 나타내면 $\lambda = \frac{c}{f}$ 이므로 $\lambda_2 \approx \lambda_1(1+\frac{gR}{c^2})$와 같이 증가하는데 이를 **중력 적색편이**라고 한다. 일반적으로 중력에 따른 빛의 파장 변화를 **중력 도플러 효과**라고 한다. 중력원(천체)에 가까운 곳에서는 빛의 파장이 짧아지고(청색편이) 먼 곳에서는 길어지는(적색편이) 현상이다.

우리가 날마다 보는 별, 태양을 볼 때도 중력 도플러 효과가 일어날까? 햇빛은 태양 표면의 광구에서 내쏘는 빛이며 이곳의 중력가속도 크기는 지표면의 약 30배이다. 지구에서 중력을 무시할 때 파장의 변화율은,

$$\frac{\Delta\lambda}{\lambda} \approx \frac{gR}{c^2} \approx 2\times 10^{-6} \tag{50}$$

$$(g_{\mathrm{sun}} \approx 300\,\mathrm{m/s^2},\ R_{sun} \approx 700{,}000\,\mathrm{km})$$

우리가 지구에서 보는 햇빛의 파장은 중력 도플러 효과만 고려하면 원래보다 백만 분의 2쯤 늘어난 것이라 볼 수 있다.

20) 퍼텐셜 에너지는 물체를 기준점(r_s)에서 어떤 위치(r)까지 옮기는 데 드는 일로 정의된다. **중력 퍼텐셜 에너지**는 무한대를 기준점으로 하여 아래와 같이 구한다.
$V(r) = \int_{r_s}^{r} F(r)\,dr = \int_{\infty}^{r} \frac{GMm}{r^2}\,dr = -\frac{GMm}{r}$

#14

중력장에서 자와 시계

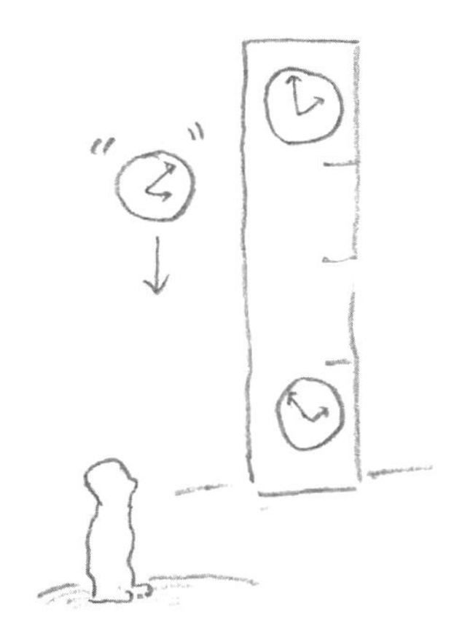

중력은 물질뿐 아니라 빛도 휘어지게 하며, 빛이 중력장을 지날 때는 진동수와 파장이 달라진다는 것을 알았습니다. 한편 빛의 진동수와 속력은 오늘날 시간과 길이의 표준이기도 하지요.[21] 그렇다면 시간과 길이 자체가 중력 세기에 따라 달라진다고도 볼 수 있지 않을까요? 앞서, 특수상대론에서는 관찰자의 상대운동에 따라 시간이 느려지거나 길이가 짧아지는 일이 있었지요. 마찬가지로 중력장에서 빛의 진동수와 파장의 변화는 시공간 자체의 변화를 의미하는 게 아닐까요? 중력에 따른 시공간의 변화는 어떤 모습일까요?

중력장에서의 시간 1
- 자유낙하 하는 시계

중력 세기에 따라 시간의 흐름이 어떻게 달라지는지 알아보기 위해 다음과 같은 실험을 구상합니다. 3개의 시계를 준비하여 2개는 고층 빌딩의 꼭대기 층(K_1)과 아래층(K_2)에 설치하고, 나머지 하나(K_o)는 충분히 높은 곳에서 떨어뜨려 빌딩의 두 시계와 비교합니다.

먼저 우리가 알고 있는 사실은, 자유낙하 하는 시계 K_o는 그 안에서만 보면 등가원리에 따라 중력의 영향을 전혀 받지 않으며 따라서 아무 일도 없이 일정하게 째깍거리며 작동하고 있다는 것입니다. 한편 K_o가 두 시계 K_1, K_2를 지나갈 때 속력이 v_1, v_2이면 이에 따른 시간 팽창으로 K_o의 시간 Δt와 K_1, K_2의 고유시간 $\Delta\tau_1$, $\Delta\tau_2$ 사이

21) 시간의 표준단위(1초)는 세슘 원자의 초미세구조 전이에서 나오는 빛의 진동수로 정의되었다. 또한 길이의 표준단위(1m)는 빛이 1/299792458초 동안 간 거리($l = ct$)로 정의되었다.

에는 다음 식이 성립합니다.

$$\Delta t_1 = \gamma_1 \Delta \tau_1, \quad \Delta t_2 = \gamma_2 \Delta \tau_2 \tag{51}$$

일정한 고유시간, 예를 들어 $\Delta\tau_1 = \Delta\tau_2 = 1$초에 대해 Δt_1, Δt_2를 비교하면,

$$\begin{aligned} \frac{\Delta t_2}{\Delta t_1} &= \frac{\gamma_2}{\gamma_1} = (1-\beta_1^2)^{1/2}(1-\beta_2^2)^{-1/2} \\ &\approx 1 - \frac{v_1^2}{2c^2} + \frac{v_2^2}{2c^2} \\ &\approx 1 + \frac{\phi_1}{c^2} - \frac{\phi_2}{c^2} \quad (\phi_2 < \phi_1 \le 0) \end{aligned} \tag{52}$$

위 과정에서 둘째 줄은 $v \ll c$일 때 이항 전개하여 근사하였고 셋째 줄은 뉴턴 역학의 역학적 에너지 보존 식 $\frac{1}{2}mv_1^2 + V_1 = \frac{1}{2}mv_2^2 + V_2$을 간단히 **중력 퍼텐셜**[22] $\phi \equiv \frac{V}{m}$로 나타낸 것이지요. 위 식에 $\phi = -\frac{GM}{r}$을 대입하면 앞서 살펴본 중력 도플러 효과 식 (49)와 같은 결과입니다.

---

22) **중력 퍼텐셜**은 단위 질량당 중력 퍼텐셜 에너지이며 $\phi(r) \equiv \frac{V(r)}{m} = -\frac{GM}{r}$이다.

(52)에서 만일 K_1이 중력원에서 충분히 멀리 떨어져 있어 관성계 시간 $\Delta t_1 \equiv \Delta t$이라 하고 K_2는 중력 퍼텐셜 $\phi_2 \equiv \phi(\phi < 0)$인 중력장에서의 시간 $\Delta t_2 \equiv \Delta\tau$라 놓으면,

$$\Delta t \approx (1 - \frac{\phi}{c^2})\Delta\tau > \Delta\tau \quad (\phi < 0\text{임!}) \qquad (53)$$

즉, 관성계 시간 Δt를 기준으로 할 때 지면 가까운 곳(중력이 큰 곳, $|\phi|$가 큰 곳)일수록 시간 $\Delta\tau$가 더 천천히 흐르게 되지요. 예를 들어 K_1이 1초가 지날 때 아래층 시계 K_2는 $\tau_2 < \tau_1$이므로 1초보다 짧은 시간이 흐릅니다. 반대로, 중력원에서 멀어질수록 시간 흐름이 더 빨라져서 무중력 공간($\phi = 0$), 즉 관성계의 시간이 가장 빠른 시간이 됩니다. 이를테면 아파트에서도 높은 층에 살수록 아래층보다는 더 빨리 늙는다고 할 수 있지요(1년에 백만 분의 1초쯤은 말이죠!). 이와 같이 중력장 세기에 따라 시간이 빨라지거나 느려지게 되는 것은 빛 또는 시계뿐 아니라 모든 물리 과정에서 일어나는 일반적인 현상입니다.

중력장에서의 물체의 길이 – 회전하는 원판

중력장에서 물체의 길이는 어떻게 될까요? 이 문제 또한 아인슈타인의 아이디어에 따라 등가원리로 생각해볼 수 있습니다. 바로 유명한 회전 원판의 문제입니다.

일정한 각속도 ω로 회전하는 원판의 중심에 정지한 관찰자 K_o가 있습니다. K_o가 반지름 r인 곳의 짧은 원호(고유길이 L_o)를 본다면 원운동속력 $v = r\omega$에 따른 길이 수축 $\frac{L_o}{\gamma}$을 관찰하게 됩니다.

$$L = L_o \sqrt{1 - \frac{r^2\omega^2}{c^2}} \tag{54}$$

한편 원판 중심으로부터 거리 r인 곳에서 원판과 같이 회전하는(원판에 대해 정지해 있는) 관찰자 K의 관점에서는 자신은 정지해 있고 원심가속도 $r\omega^2$을 받으므로 등가원리에 따라 이를 중력가속도 $\vec{g} = r\omega^2 \hat{r}$인 중력장으로 여길 수도 있겠지요. 여기서 중력의 효과는 중력가속도 대신 스칼라인 퍼텐셜로 나타내는 것이 편리합니다. 퍼텐셜 $\phi(r) = \frac{V(r)}{m}$이므로 $F(r)$ 대신 $\frac{F(r)}{m} = g(r)$를 기준점(이 경우는 $r = 0$)에서 해당 위치(r)까지 적분하여 얻습니다.

$$\phi(r) = -\int_0^r r\omega^2\, dr = -\frac{1}{2}r^2\omega^2 \tag{55}$$

각속도가 일정할 때 거리 제곱에 비례하면서 중심에서 먼 쪽으로 물체를 밀어내는 '원심 퍼텐셜'이지요. 이를 길이 수축 (54)에 대입하면 다음과 같습니다.

$$L = L_o \sqrt{1 + \frac{2\phi(r)}{c^2}} \quad (\phi < 0) \tag{56}$$

위 식은 특별히 회전원판의 원심 퍼텐셜로부터 유도하였지만 등가 원리를 고려하면 일반적인 중력 퍼텐셜 $\phi(r)$에 대해서도 성립한다고 볼 수 있습니다. 예를 들어 구형 천체의 중력 퍼텐셜 $\phi(r) = -\frac{GM}{r}$이라면 물체의 길이는 천체에 가까워짐에 따라 $L = L_o\sqrt{1 - \frac{2GM}{rc^2}}$와 같이 줄어들게 됩니다. 이와 같이 중력장에서는 빛의 파장뿐 아니라 물체의 길이도 중력장 세기에 따라 달라짐을 알 수 있습니다.

중력장에서의 시간 2
- 회전원판의 시계

앞서 중력장의 시간 변화를 지표면 부근의 중력장에서 자유낙하 하는 관찰자 입장에서 살펴보았지요. 이번에는 방금 논의한 회전원판의 상황에 적용해봅시다. 회전원판에서 물체의 길이는 로렌츠 수축이 일어나며 이를 등가원리를 적용하여 중력 퍼텐셜 $\phi(r)$로 나타냈을 때 $L = \frac{L_o}{\gamma} = L_o\sqrt{1 + \frac{2\phi(r)}{c^2}}$가 되었지요. 회전원판 위에 놓인 시계의 시간 $\Delta\tau$는 정지한 관찰자가 볼 때 $\Delta t = \gamma\Delta\tau$로 시간 팽창이 일어나며, 길이 수축의 경우와 마찬가지로 γ를 $\phi(r)$로 나타내면 다음과 같습니다.

$$\Delta t = \frac{\Delta \tau}{\sqrt{1 + \frac{2\phi(r)}{c^2}}} \tag{57}$$

그런데 위 식은 앞서 자유낙하 상황에서 유도한 식 (53)과는 조금 다른 꼴입니다. 그런데 (57)을 $\phi \ll c^2$이라고 가정하여 근사해보면 $\Delta t = (1+\frac{2\phi}{c^2})^{-1/2}\Delta\tau \approx (1-\frac{\phi}{c^2})\Delta\tau$ 가 되어 (53)과 같아집니다. 이렇게 볼 때 (53)은 중력의 세기가 약할 때의 근사식이며 (57)이 중력장에서의 시간 변화를 나타내는 보다 일반적인 식임을 알 수 있습니다.

[상대론 한 걸음 더 5] 상대론적 오차 줄이기 - GPS와 원자시계

GPS(위성항법시스템)는 여러 GPS위성으로부터 시간 정보를 받아 수신기의 정확한 시간과 위치를 알려주는 체계이다. 각 GPS위성으로부터 수신기까지의 거리 l은 빛(전파)이 출발에서 도착까지 걸린 시간 Δt로부터 $l = c\Delta t$로 구할 수 있다. 이미 위치를 알고 있는 여러 위성으로부터 거리 l을 종합하여 수신기의 정확한 위치를 얻게 된다. 그러려면 시간의 정확성이 매우 중요하며 그래서 GPS위성에는 원자시계가 탑재되어 있는 것이다.

원자시계는 원자에서 나오는 빛의 진동수로부터 정확한 시간 정보를 얻는다. 예를 들어 30년에 1초 틀리는 시계라면 1초에 1나노초(10억 분의 1초)의 정확도를 갖는다. 이 경우 빛이 가는 거리 $l = c\Delta t$로 환산하면 30cm 정도의 오차를 갖는다고 볼 수 있다. 그런데 여기서 시계의 정확도와 더불어 반드시 고려해야 할 요인이 있다. 바로 상대론적 오차다.

GPS위성은 지상 20,000 km에서 약 4 km/s의 속력으로 지구 주위를 공전운동 하고 있다. 이에 따라 지상에서 GPS위성의 시계를 보면 두 가지 상대론적 효과를 관측하게 된다.

(1) 상대운동에 따른 특수상대론적 효과, 바로 시간 팽창이다. $T' = \gamma T$이므로 상대오차 $\frac{\Delta T}{T} = \gamma - 1 \approx \frac{v^2}{2c^2}$이며 $v = 4\mathrm{km/s}$

일 때 약 0.9×10^{-10}배 느려진다.

(2) 중력 차이에 따른 일반상대론적 효과, 바로 중력 도플러 효과다. GPS위성의 시계를 지상에서 관측하면 신호파가 지면에 가까워지면서 진동수가 빨라지고 주기가 짧아진다. 그 효과는 (49)에 따라, 아래와 같이 구할 수 있다.

$$\frac{\triangle T}{T} = -\frac{GM}{c^2}\left(\frac{1}{R}-\frac{1}{r}\right) \approx -\frac{gR}{c^2}\left(1-\frac{R}{r}\right) \approx -5.4\times 10^{-10} \tag{58}$$

즉, 5.4×10^{-10}배 빨라지게 된다. ($\frac{GM}{R^2} \approx g$, R은 지구 반지름, g는 지표면 중력가속도)

두 효과를 더하면 결국 상대론적 오차는 -4.5×10^{-10}이며 1초당 0.45나노초씩 빨라짐을 뜻한다. 매우 짧은 시간이지만 빛이 가는 거리로 보면 초당 약 15 cm의 오차에 해당한다. 따라서 GPS에서 상대론적 오차를 보정하는 일은 필수이다. GPS를 이용한 내비게이션이 생활필수품이 된 오늘날 상대성이론은 GPS와 지상의 수많은 내비게이션을 통해 이미 매 순간 검증되고 있다.

#15

구부러진 시공간

> 시공은 물질더러 이렇게 움직여라 하고,
> 물질은 시공더러 이렇게 구부러져라 하고.
> Spacetime tells matter how to move,
> Matter tells spacetime how to curve.
>
> \- John A. Wheeler(1911-2008)

특수상대론 **#08**에서 시공 거리의 제곱인 $\triangle s^2 = c^2\triangle t^2 - \triangle l^2$은 로렌츠 스칼라로서 관성계 관찰자에 대해 불변량임을 확인하였지요. 그런데 중력이 작용하면 중력장에 따라 시간과 길이가 달라집니다. 그럼에도 불구하고 관성계에서 정의된 시공 거리가 여전히 불변량일 수 있을까요? 아니면 시공 거리를 새롭게 정의해야 할까요?

앞서 (56), (57)에 따르면 중력장에서 두 사건 사이의 시간, 길이는 중력 퍼텐셜 ϕ에 따라 다음과 같이 달라집니다.

$$\Delta t = \frac{\Delta\tau}{\sqrt{1+\frac{2\phi}{c^2}}}, \quad \Delta l = \Delta\chi\sqrt{1+\frac{2\phi}{c^2}} \tag{59}$$

여기서 Δt, Δl은 관성계(또는 자유낙하계)에서 잰 값이며 $\Delta\tau$, $\Delta\chi$는 중력장에 놓인 시계와 자로 각각 잰 고유시간과 고유길이입니다. 이때 $c^2\Delta t^2 - \Delta l^2$은 ϕ에 따라 달라지므로 더 이상 불변량이 아니지요. 대신 고유시간, 고유길이로 나타낸 시공 거리 $\Delta s^2 = c^2\Delta\tau^2 - \Delta\chi^2$이 중력과 무관한 불변량이 됩니다.

$$\begin{aligned} \Delta s^2 &= c^2\Delta\tau^2 - \Delta\chi^2 \\ &= (1+\frac{2\phi}{c^2})c^2\Delta t^2 - \frac{\Delta l^2}{1+\frac{2\phi}{c^2}} \end{aligned} \tag{60}$$

예를 들어 **#14**의 '자유낙하 하는 시계'의 상황을 다시 봅시다. K_o가 자유낙하 하면서 두 시계 K_1, K_2를 지날 때 K_o가 측정하는 두 사건의 시간 차이는 $\Delta t = \Delta\tau(1+\frac{2\phi}{c^2})^{-1/2}$이고 거리는 $\Delta l = \Delta\chi(1+\frac{2\phi}{c^2})^{1/2}$가 되지요. 만약 K_1, K_2가 설치된 곳이 빌딩이 아닌 막대자의 양 끝이고 막대자가 중력장에서 움직인다고 하면 ϕ값에 따라 Δt나 Δl은 달라질 테지만 막대자의 눈금과 막대자에 부착된 시계의 눈금으로 구한 시공 거리 $\Delta s^2 = c^2\Delta\tau^2 - \Delta\chi^2$은 일정하다는 것이지요.

(60)은 관성계($\phi = 0$)에서 불변량인 시공 거리를 비관성계($\phi \neq 0$)에도 적용할 수 있도록 확장한 것입니다. **일반화된 시공 거리** Δs는 관성계이든 비관성계이든 어떤 관찰자에 대해서도 같은 값, 다시 말해 좌표계에 무관한 불변량이 됩니다. 이를 **일반 공변 원리**라고 하지요. 앞서 **#08**에서 로렌츠 불변량을 기준 삼아 좌표계에 따라 달라지는 양을 쉽게 구할 수 있었듯이 (60)은 중력장에서 물리량의 변화를 구하는 데 기준이 되는 식입니다.

다시, 시공 삼각형

특수상대론에서 시공 거리 $\Delta s = c\Delta\tau$와 $(ct,\ x)$는 각각 로렌츠 스칼라와 벡터를 이루며 이를 시공 삼각형으로 나타낼 수 있었지요. 마찬가지로 중력장에서도 시공 삼각형을 정의할 수 있습니다. 대신 (59)에 따라 중력장에 따라 Δt와 Δx가 달라지는 것을 고려해야 합니다[그림 20].

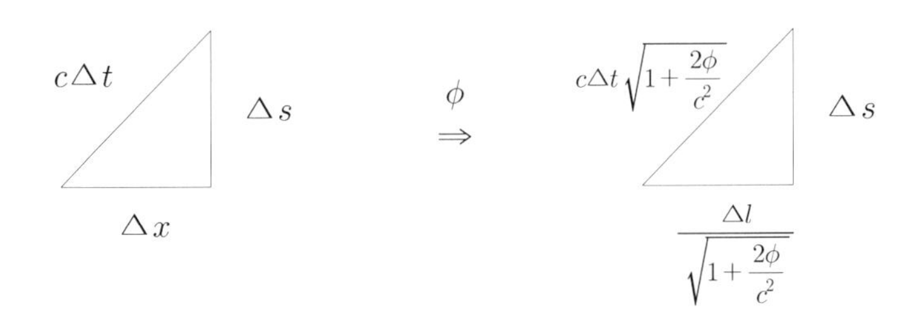

그림 20. 중력장의 시공 삼각형

그림을 보면 오른쪽 시공 삼각형에서는 빗변과 밑변에 계수

$\sqrt{1+\frac{2\phi}{c^2}}$ 가 포함되어 피타고라스 식을 만족하고 있습니다. 그런데 만약 $\sqrt{1+\frac{2\phi}{c^2}}$ 를 빼고 Δt, Δl과 Δs를 세 변으로 하는 삼각형을 그린다면 원래의 직각삼각형에서 벗어나 찌그러진 형태가 되겠지요. 변형되는 정도는 중력 퍼텐셜 $\phi(t, x)$에 따라 달라지며 결국 시간과 위치에 따라 들쭉날쭉해집니다. 마치 고무 장판이 열을 받으면 쭈글쭈글해지는 것과 같지요. 중력장에서 시간과 길이는 $\phi(t, x)$에 따라 달라지며 이를 연속적으로 보면 구부러진 시공간이 됩니다. 그런데 $\phi(t, x)$은 주변 공간의 물질(또는 에너지)의 분포에 따라 정해지므로 결국 중력장의 시공간은 물질에 의해 구부러진 시공간입니다.

다시, 에너지-운동량 삼각형

중력장에서 에너지-운동량 삼각형은 어떻게 될까요? 앞서 특수상대론에서 에너지 E와 운동량 p은 로렌츠 벡터 (E, pc)를 이루며 (ct, x)와 같은 꼴로 달라짐을 알았습니다. 중력장에서 에너지와 운동량도 '그림 20'의 시공 삼각형과 연관되어 달라집니다만, 그 계수는 역수의 관계를 갖습니다[23)][그림 21].

23) 시간과 에너지, 위치와 운동량은 상보적 관계로 사실은 서로 역변환하는 물리량이다. 특수상대론에서는 계수가 1이어서 따로 언급되지 않았음에 유의.

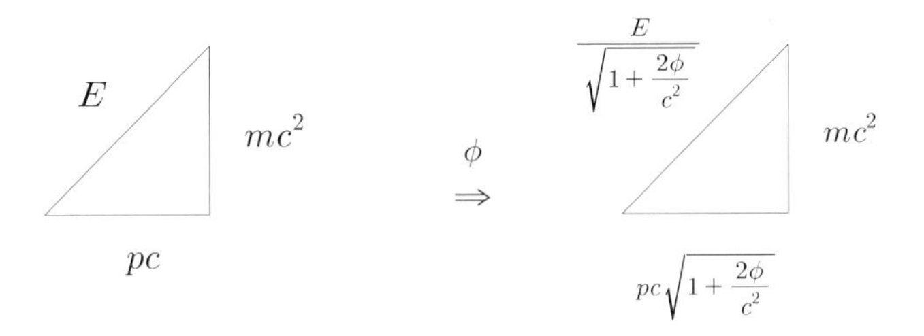

그림 21. 중력장의 에너지-운동량 삼각형

즉, 위 그림은 중력장에서 움직이는 물체의 에너지와 운동량의 관계를 나타냅니다. 오른쪽 삼각형의 피타고라스 식 $\frac{E^2}{1+\frac{2\phi}{c^2}} = m^2c^4 + (1+\frac{2\phi}{c^2})p^2c^2$을 조금 복잡하지만 이항전개식을 써서 에너지 E에 대해 정리하면,($\phi \ll c^2$, $p \ll mc$)

$$
\begin{aligned}
E &= mc^2(1+\frac{2\phi}{c^2})^{\frac{1}{2}}[\,1+(1+\frac{2\phi}{c^2})(\frac{p}{mc})^2\,]^{\frac{1}{2}} \\
&\approx mc^2(1+\frac{\phi}{c^2})[\,1+\frac{1}{2}(1+\frac{2\phi}{c^2})(\frac{p}{mc})^2\,] \qquad (61) \\
&\approx mc^2+\frac{p^2}{2m}+m\phi+\dots
\end{aligned}
$$

위 식을 보면 우리가 알고 있는 질량에너지와 고전적 운동에너지, 퍼텐셜에너지 항들이 차례로 나오게 됩니다. 나아가 위 식을 시간 미분하여 뉴턴 역학의 운동방정식을 얻을 수 있습니다.[24]

24) (61)의 양변을 시간 t로 미분하면 E, m은 상수이므로 0이 되고 우변의 두 항에 대한 미분은

위에서 살펴본 에너지-운동량 관계는 사실 물체가 약한 중력장($\phi \ll c^2$)에서 느리게 움직이는 경우($p \ll mc$)의 근사식입니다. 근사식이 아닌 일반상대론의 풀이로 하면 원래의 상대론적 효과를 포함하는 더 정확한 풀이를 구할 수 있겠지요. 이와 같이 중력의 효과를 시공간의 구부러짐으로 생각하여 적절한 기하 변환으로 나타내면 시간, 길이의 달라짐뿐 아니라 중력장에서의 에너지, 운동량 등의 물리량들을 정확히 구할 수 있습니다.

$\frac{\vec{p}}{m} \circ \frac{d\vec{p}}{dt} + m\vec{v} \circ \nabla\phi = \vec{v} \circ \left(\frac{d\vec{p}}{dt} + m\nabla\phi\right) = 0$이 되어 결국 $\frac{d\vec{p}}{dt} = -m\nabla\phi$, 바로 뉴턴의 운동 제2법칙에 해당한다.

#16

검은 구멍

중력은 언제나 인력으로 작용하여 모든 물질과 에너지, 심지어 빛조차도 끌어당기지요. 게다가 천체가 주변의 물질을 끌어당겨 질량이 커지면 커질수록 더 큰 힘으로 주변 물질을 끌어당기게 되며 만약 주변에 충분한 물질이 존재한다면 천체의 질량은 점점 커집니다. 그리하여 중력이 충분히 강해지면 빛조차 빠져나올 수 없는 특이한 시공간, 블랙홀이 만들어집니다.

탈출 속력

빛조차 빠져나올 수 없는 시공간, 블랙홀이 만들어지는 조건은 뉴턴 역학으로도 짐작해볼 수 있습니다. 질량이 M인 구형 천체로부터 거리 r인 지점에서 운동하는 물체의 역학적 에너지는 다음과 같습니다.

$$E = \frac{1}{2}mv^2 - \frac{GMm}{r} \tag{62}$$

만일 이 물체가 천체의 중력으로부터 완전히 벗어나려면 $r \to \infty$ 일 때 속력이 0보다 커야 하며 따라서 $E \geq 0$ 이어야 하지요.[25] 이때 속력의 최솟값(즉, $E = 0$ 일 때)을 탈출 속력 v_e 이라 합니다.

$$v_e = \sqrt{\frac{2GM}{r}} \tag{63}$$

예를 들어 지표면에서 탈출 속력은 $\sqrt{\frac{2GM}{R}} \approx \sqrt{2gR} \approx$ 11 km/s 입니다. 지구에서 우주로 로켓을 발사하려면 최소 11 km/s 이상의 속력을 얻어야 지구를 벗어날 수 있다는 것이지요.

슈바르츠실트 반지름, 사건의 지평선

식 (63)에서 천체의 질량 M이 매우 커지거나 M이 그대로인 채 천체의 반지름이 매우 작아지면 탈출 속력이 광속에 이를 수도 있습니다. 이때의 거리 r_s를 **슈바르츠실트[26] 반지름**이라 하지요.

---

25) 중력 $\frac{GMm}{r^2}$ 을 받으며 운동하는 물체의 궤도를 구하는 문제를 케플러 문제라고 한다. 이때 역학적 에너지 E는 (62)이며 물체의 궤도는 E값에 따라 정해지는데, $E < 0$ 이면 원이나 타원 궤도, $E = 0$ 이면 포물선 궤도, $E > 0$ 이면 쌍곡선 궤도가 된다.

26) **카를 슈바르츠실트**(Karl Schwarzschild, 1873-1916)는 독일 천문학자로 아인슈타인이 일반상

$$c = \sqrt{\frac{2GM}{r}} \Rightarrow r_s = \frac{2GM}{c^2} \tag{64}$$

이 경우 만약 슈바르츠실트 반지름 r_s보다 가까이 가게 되면 어떤 물체, 심지어 빛조차도 중력에서 벗어날 수 없다는 의미입니다. 또한 질량이 크지 않아도 천체가 r_s 이하로 충분히 쪼그라들면 블랙홀이 될 수 있습니다. 따라서 천체의 질량 M이 주어졌을 때 블랙홀이 될 수 있는 크기의 한계가 바로 r_s 입니다. 예를 들어 태양의 경우는 r_s가 약 3 km로, 태양이 지금의 질량을 그대로 유지한 채 3 km보다 작아진다면 블랙홀이 될 수 있지요. 지구가 블랙홀이 되려면 반지름이 1 cm 이하로 작아져야 합니다.

한편 탈출 속력이 광속이라는 것은 거꾸로 생각하면, 무한히 멀리 있는 물체가 천체의 중력에 이끌려 떨어질 때 슈바르츠실트 반지름에 가까워지면 낙하 속력이 광속에 이른다는 것을 뜻합니다. 이 과정을 천체로부터 충분히 멀리 떨어진 관찰자(관성계 관찰자)가 보면, 물체가 슈바르츠실트 반지름 r_s에 다가갈 때 엄청난 낙하속력에 따른 시간 팽창으로 시간이 한없이 느려지게 되며(게다가 적색편이로 점점 어두워져 거의 보이지 않게 되지요) 물체가 슈바르츠실트 반지름을 넘어서는 것은 결코 관찰할 수 없게 됩니다. 마치 먼 바다로 나가는 배가 수평선 너머로 멀어지면 시야에서 사라지는 것과 비슷하지요. 이런 의미에서 슈바르츠실트 반지름이 이루는 면을 **사건의 지평선**(event

---

대론을 발표한 지 불과 한 달 만에 아인슈타인 방정식을 풀어서 오늘날 블랙홀로 불리는 특이점을 포함하는 해를 구했다. 당시 슈바르츠실트는 제1차 세계대전에 참전 중이었고 몇 달 후 전선에서 사망했다.

horizon)이라 부릅니다.

슈바르츠실트 계량 (Schwarzschild metric)

슈바르츠실트 반지름, 또는 사건의 지평선은 **#15**에서 살펴본 자유 낙하 물체의 시공 거리를 통해서도 대략 짐작해볼 수 있습니다. 자유 낙하계 K_o에서 보는 시공 거리를 다시 쓰면,

$$\begin{aligned} ds^2 &= c^2 d\tau^2 - d\chi^2 \\ &= \left(1+\frac{2\phi}{c^2}\right)c^2 dt^2 - \frac{dr^2}{1+\frac{2\phi}{c^2}} \end{aligned} \qquad (60')$$

(위 식에서는 매우 짧은 시공 거리일 때 Δs, $\Delta\tau$, $\Delta\chi$ 를 $d\tau$, $d\chi$, ds로 나타냄)

구형 천체일 때 중력 퍼텐셜 $\phi(r) = -\frac{GM}{r}$이고 슈바르츠실트 반지름 $r_s = \frac{2GM}{c^2}$을 이용하면 (60)은 다음과 같아집니다.[27)]

27) 이러한 풀이는 중력장이 약한 경우의 근사이므로 사실 블랙홀 부근에서는 적용될 수 없다. 일반상대론에 따른 엄밀한 풀이는 이 책의 수준을 넘으므로 여기서는 근사적 풀이를 통해 블랙홀의 성질을 짐작하고자 한다.

$$ds^2 = c^2 d\tau^2 - d\chi^2$$
$$= (1 - \frac{r_s}{r})c^2 dt^2 - \frac{dr^2}{1 - \frac{r_s}{r}} \qquad (65)$$

($d\chi$는 지름 방향 dr만 고려함. $d\theta = d\phi \equiv 0$)

위 식은 구형 천체의 중력장에서 지름 방향으로 운동하는 물체의 시공 거리를 나타낸 것으로, $d\theta = d\phi \equiv 0$일 때의 **슈바르츠실트 계량**에 해당합니다. 그런데 (65)의 우변을 살펴보면 r의 값에 따라 분모가 0이 되는 **특이점**이 있습니다. 바로 $r = 0$과 $r = r_s$이지요. 이렇게 되면 시간 항 또는 공간 항이 무한대가 되는데 이래도 괜찮을까요?

블랙홀 안과 밖

여기서 $r = r_s$는 바로 사건의 지평선을 이루는 지점이지요. 자유낙하 물체가 사건의 지평선 $r = r_s$에 다가가면 (65)에서 보듯 낙하 물체의 고유시간 $d\tau = (1 - \frac{r_s}{r})dt = 0$이 되어 더 이상 시간이 흐르지 않으며, 지평선 밖의 정지한 관찰자가 볼 때는 $dr = (1 - \frac{r_s}{r})d\chi = 0$으로 낙하 물체가 사건의 지평선을 통과하는 것을 절대로 볼 수 없게 됩니다. 그러나 자유낙하게 K_o에서 보면 사건의 지평선에 다가갈 때도 등가원리에 따라 '1차적인' 중력의 효과[28]는 느낄 수 없으며 평소와 다름없이

28) '2차적인' 중력 효과로 조석력은 작용한다. 조석력의 세기는 $Mr^{-3}\Delta x$에 비례하는데 $r_s \propto M$이므로 조석력은 M^2에 반비례하게 되어 충분히 큰 블랙홀이면 조석력의 효과도 매우 미미해진다.

시간과 공간 ($c\tau$, χ)이 평평하게 펼쳐져 흐를 뿐이지요. 위와 같이 사건의 지평선은 관찰자에 따라 특이점으로 보이기도 하고 아니기도 합니다. 즉, $r = r_s$는 좌표계에 따른 특이점으로 이런 뜻에서 '비물리적 특이점'(수학적 특이점)이라고 하지요. 그런데 또 하나의 특이점 $r = 0$인 점은 말 그대로 진짜 특이점입니다. 그렇지만 사건의 지평선 안쪽이기 때문에 정말로 무슨 일이 일어나는지 밖에서 짐작하기는 매우 어렵습니다. 일반상대론에 따르면 블랙홀 내부로 떨어진 물체는 오로지 블랙홀 중심을 향해 떨어지며 유한한 시간 안에 중심에 도달하는 것으로 알려져 있습니다. 그리하여 그 중심의 밀도가 무한대에 이르게 될지 아니면 우리가 볼 수 없는 또 다른 차원의 공간으로 펼쳐져 있을지는 매우 가늠하기 어려운 문제지요. 결국 블랙홀이 될 운명에 처한 별들은 그리 길지 않은 수명을 살고 특이점 속으로 사라지게 될 테지요. 물론 그 밖에서 관찰하는 우리는 영원히 얼어붙은 정지화면의 블랙홀을 볼 뿐입니다.

#17

부풀어 오르는 우주

「우주는 모든 곳이 중심이며 가장자리는 어디에도 없다.」
- 조르다노 브루노(1548-1600)

우주는 무한할까요, 유한할까요? 우주가 유한하다면 그 경계는 어디일까요? 또 그 경계 너머에는 무엇이 있을까요? 우주에서 작용하는 힘이 오로지 중력뿐이라면 우주의 운명은 어떻게 될까요? 모든 물질이 중력으로 하나로 뭉쳐져 블랙홀 속으로 사라지지 않을까요? 아니면 무한히 팽창하여 텅 빈 공간만 남게 될까요?

허블 법칙

1929년 미국 천문학자 에드윈 허블(1889-1953)은 밤하늘의 성운 중 일부가 성운이 아니라 우리 은하(은하수) 밖의 또 다른 은하, 즉 외계 은하이며, 이 은하들은 거리가 멀수록 빠른 속력으로 멀어진다는 것을 발견하였습니다. 바로 허블 법칙입니다.

$$v(r) = H r \quad (66)$$

[29]

우주가 수많은 은하들로 이루어져 있고 이 은하들이 이와 같이 서로 일정한 비율로 멀어져가고 있다면, 위 식은 우주 전체가 일정한 비율로 팽창한다는 것을 의미합니다. 우주는 중력에 의해 뭉쳐지고 있는 게 아니라 오히려 풍선처럼 부풀어 오르고 있는 것이지요!

그렇다면 부풀어 오르는 풍선에 중심이 있는 것처럼 팽창하는 우주에도 하나의 중심이 있지 않을까요? 우리 은하에서 볼 때 다른 은하들이 모두 멀어지고 있다면 바로 우리 은하가 팽창하는 우주의 중심이지 않을까요?

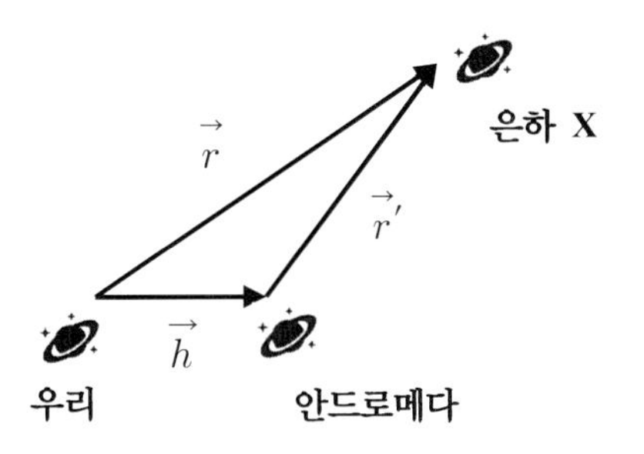

그림 22. 서로 멀어져가는 은하

---

29) H는 허블 상수로 약 70 km/s · Mpc이다(Mpc는 메가파섹으로 읽으며 약 326만 광년이다). 여기서 유의할 점은 H는 우주의 모든 곳에서 일정하다는 의미로 상수이며 시간에 따라서는 변하는 값이라는 것이다. 따라서 아주 먼 거리, 예를 들어 50억 광년 거리의 은하라면 허블 수가 50억 년 전의 값이므로 (66)과 같은 단순한 비례 관계가 성립하지 않는다. 또한 매우 가까운 은하에서는 이웃한 은하 사이의 중력 효과가 더 커져 허블 법칙이 성립하지 않는다.

이 문제에 답하기 위해서는 우리 은하에서 관찰된 허블 법칙이 다른 은하에서는 어떻게 보일지 살펴보아야 합니다. 우리 은하에서 볼 때 안드로메다은하의 위치를 $\vec{h}$, 또 다른 은하 X의 위치를 $\vec{r}$라고 하면 안드로메다은하에서 본 은하 X의 위치 $\vec{r}\,'$은 $\vec{r}\,' = \vec{r} - \vec{h}$가 됩니다[그림 22]. 이때 안드로메다에서 보는 은하 X의 속도 $\vec{v}\,'$를 허블 법칙으로 구해보면,

$$\vec{v}\,' = \frac{d\vec{r}\,'}{dt} = H\vec{r} - H\vec{h} = H\vec{r}\,' \tag{67}$$

안드로메다은하에서도 허블 법칙이 우리 은하와 똑같이 성립함을 알 수 있지요. 다시 말해 우리 은하에서 관찰한 허블 법칙은 다른 은하에서도 똑같이 성립하게 됩니다. 따라서 우주는 전체가 팽창하고 있다고 생각할 수 있으며 이때 그 팽창의 중심은 따로 없습니다. 마치 풍선이 부풀어 오를 때 풍선 표면의 모든 점들이 서로에 대해 일정하게 멀어져가는 것과 같지요.

우주 팽창과 임계 밀도

허블 법칙에 따르면 관측 가능한 범위에서 우리 우주는 현재 팽창하고 있습니다. 그렇다면 시간을 거꾸로 거슬러 올라가면 우주가 점점 작아져 처음에는 매우 작은 한 점에서 시작되었을 것이란 추측이 가능하지요. 우주가 시작된 처음의 한 점(이것을 '우주의 배꼽'이라 불러도 되겠지요)은 크기가 매우 작고 밀도는 어마어마하게 크며 지금까지 어

떤 별 속보다도 뜨거운 일종의 특이점[30] 상태입니다. 우주는 특이점에서 시작되어 계속 부풀어 올라 지금의 우주로 커졌다고 보는 게 바로 빅뱅 이론이지요.[31] 빅뱅 이론으로부터 나오는 가장 중요한 결론은 우주의 시간이 유한하며 따라서 우주의 크기도 유한하다는 것입니다.

자, 다시 시간을 현재 그리고 미래로 돌려보지요. 우주의 운명은 어떻게 될까요? 현재의 우주는 팽창하는 우주입니다. 우주가 팽창한다면 언제까지 팽창할까요? 무한히 팽창하여 결국 텅 빈 공간만 남게 될까요, 아니면 다시 수축하여 한 점의 특이점으로 끝나게 될까요? 이 문제는 뉴턴 역학에서 지면에서 쏘아 올린 공이 지구를 완전히 탈출할 것인지, 아니면 지면으로 다시 떨어질 것인지의 상황과 비슷합니다. 결국 중력과 우주 팽창 에너지의 겨루기로 볼 수 있지요. 일반상대론으로 본 우주 팽창의 풀이는 1924년 러시아 물리학자 알렉산드르 프리드만(1888-1925)이 처음 발견하였습니다. 여기서는 일반상대론 대신 뉴턴의 중력 법칙과 허블 법칙으로부터 대략적 의미를 먼저 살펴보고자 합니다.

우리 은하에서 볼 때 충분히 먼 거리 r에 있는 어떤 은하가 우리 은하 쪽으로 중력을 받으며 멀어져갈 때 이 은하의 역학적 에너지 E는 구형 천체에서 던져진 물체의 경우와 같습니다.

---

30) 현대물리학의 법칙으로 설명할 수 있는 최소의 크기를 플랑크 길이라고 한다. 플랑크 길이는 3개의 물리상수인 광속 c, 중력상수 G, 플랑크상수 $\hbar$의 조합으로 정해지며 약 $10^{-35}\mathrm{m}$이다. 마찬가지로 c, G, $\hbar$의 조합으로 정해지는 에너지를 플랑크 에너지(온도)라 하며 약 $10^{19}\mathrm{GeV}$ (또는 $10^{32}\mathrm{K}$)이다. 우주가 시작될 때 특이점은 플랑크 길이의 크기에 플랑크 에너지를 갖는 굉장히 좁고 뜨거운 상태였을 것으로 짐작한다.

31) 현대우주론에서는 빅뱅 전에 공간이 지수함수적으로 팽창한 급팽창(Inflation)이 있었고 이에 따라 매우 편평하고 균일한 시공간을 이룬 상태에서 재가열되어 빅뱅이 일어난 것으로 생각하고 있다.

$$E = \frac{1}{2}mv^2 - \frac{GMm}{r} \tag{62}$$

여기서 M은 우리 은하로부터 거리 r 안에 있는 물질의 총질량으로 $M = \frac{4\pi}{3}r^3\rho$($\rho$: 우주의 평균밀도)으로 쓸 수 있습니다. 또한 허블 법칙 $v = Hr$을 대입하여 정리하면,

$$E = \frac{1}{2}mr^2\left(H^2 - \frac{8\pi G\rho}{3}\right) \tag{68}$$

이 은하가 우리 은하로부터 무한히 멀어질 수 있는 최소 에너지는 $E = 0$, 즉 $H^2 = \frac{8\pi G\rho}{3}$ 인 경우이며 이때의 밀도 값 $\rho_c = \frac{3H^2}{8\pi G}$ 을 **임계밀도**라 합니다. 임계밀도는 우주가 중력을 극복하고 간신히 팽창을 지속할 수 있는 최소의 밀도이지요. 만일 우주의 밀도가 임계밀도보다 크다면 우주 팽창이 중력을 이기지 못하고 우주가 다시 수축(**우주대수축** Big Clunch)하게 됩니다. 반대로 임계밀도보다 작다면 우주는 중력을 이기고 무한히 팽창을 지속하게 되지요. 결국 우주의 운명은 우주의 평균밀도 대 임계밀도의 비 $\frac{\rho}{\rho_c}$ 값에 달려 있는 셈입니다.

현재의 허블 상수 $H_o \approx 70\,\mathrm{km/s \cdot Mpc} \approx 2.2 \times 10^{-18}\,\mathrm{s}^{-1}$로부터 구한 ρ_c의 값은 약 $10^{-26}\,\mathrm{kg/m^3}$이며 이는 $1\,\mathrm{m}^3$당 수소원자 6.25개에 해당합니다. 현재 관측에 따르면 우주는 임계밀도에 가까운 팽창

을 하고 있는데 실제 원자(주로 수소와 헬륨) 밀도는 $1m^3$당 0.3개 정도밖에 안 되어 나머지 95%의 성분이 아직 밝혀지지 않고 있지요. 그 중 하나는 중력을 일으키는 **암흑물질**로 우주 전체 성분의 약 25%가 될 것으로 짐작합니다. 또 하나는 우주가 팽창을 지속할 수 있는 에너지원으로 **우주상수** 또는 **암흑에너지**라 부르며 우주가 팽창할수록 차지하는 비율이 커져 현재는 전체 성분의 약 70%에 이를 것으로 보이나 아직까지 그 정체는 암흑에 가려 있습니다.

#18

우주의 기하

「물질이 있는 곳에는 기하학이 있다.」
- 요하네스 케플러(1571-1630)

우주 원리, 프리드만 우주(Friedman universe)

우리가 살고 있는 지구는 가까운 주위를 둘러보면 산과 골짜기로 굴곡져 있어 결코 편평하거나 둥글다고 할 수 없습니다. 그러나 달에서 본 지구의 모습은 아주 매끈한 공 모양이지요. 우주의 모습도 이와 비슷하게 생각할 수 있습니다. 밤하늘을 보면 별들이 많이 모여 있는 은하수가 있는가 하면 반대로 거의 텅 비어 있는 성간 공간, 은하 간 공간이 있는 등 균일하지 않으나 훨씬 더 큰 규모(100 Mpc ≈ 3억 광년 이상)에서 보면 대체로 균일한 밀도, 즉 우주 평균밀도 ρ의 분포를 갖는 것으로 볼 수 있습니다. 또한 허블 법칙에서 보듯 우주는 모든 곳에서 허블 수 H의 비율로 팽창하고 있으며 그 모습은 어느 방향으로 보아도 똑같습니다. 이와 같이 **평행 이동**해서 보나 **회전 이동**해서 보나 공간의 모습이 달라지지 않는 성질을 각각 **균일성**, **등방성**이라고 하지요.

우리가 그려볼 수 있는 가장 단순하고 대칭적인 우주의 모습은 균일하고 등방적인 우주일 것입니다. 물론, 우리가 우주의 모든 곳을 관찰해본 것은 아니므로 균일성과 등방성을 우주 전체로 확장해서 적용하는 것은 어디까지나 가정에 불과합니다. 그런 의미에서 이것을 **우주 원리**라고 부르고 있지요.

한편, 허블 법칙에 따르면 우주의 시간은 유한하며 따라서 유한한 시간 동안 팽창한 우주의 크기 또한 유한할 수밖에 없지요. 그렇다면 유한한 크기를 가지면서도 균일하고 등방적인, 다시 말해 매끈하게 이어져 있는 우주가 가능할까요?

풍선 표면에서 기어 다니는 개미를 떠올려봅시다. 풍선의 표면(2차원 구면)에서 개미는 어디로든 막힘없이 갈 수 있지만 그 크기(넓이 $= 4\pi r^2$)는 한정되어 있지요. 마찬가지로 공간 차원을 한 차원 높여서 우리 우주를 공간 4차원(4차원 시공간 아님!) 구의 표면이라 생각할 수 있습니다. 3차원인 풍선의 표면이 2차원인 것처럼 4차원 구의 표면은 3차원(3차원 구면)이며 이 3차원의 공간은 매끈하게 연결되어 있으면서도 그 크기는 유한합니다. 게다가 풍선을 불 때 풍선 표면이 부풀어 오르듯이 4차원 구의 반지름 R이 커지면 그 결과로 3차원 '구면'의 우주[32])도 균일하고 등방적으로 팽창합니다. 이것이 바로 프리드만이 생각한 우주 모형입니다. 이러한 우주 모형을 수학으로는 어떻게 나타낼 수 있을까요?

3차원의 구의 표면(2차원 구면)을 $x^2+y^2+z^2 = r^2$으로 나타내듯 4차원 구의 표면(3차원 구면)은 그 반지름을 R이라 할 때 $x^2+y^2+z^2+w^2 = R^2$으로 나타냅니다. 그리고 2차원 구면 위의 길이요소를 $dl^2 = dx^2+dy^2+dz^2 = dr^2+r^2(d\theta^2+\sin^2\theta\, d\phi^2)$ $(dr=0)$으로 나타내는 것처럼 이를 4차원으로 확장하여 3차원 구면의 길이요소를 나타낼 수 있지요.

$$\begin{aligned} dl^2 &= dx^2+dy^2+dz^2+dw^2 \\ &= dr^2+r^2(d\theta^2+\sin^2\theta\, d\phi^2)+dw^2 \\ &= \frac{dr^2}{1-\frac{r^2}{R^2}}+r^2(d\theta^2+\sin^2\theta\, d\phi^2). \end{aligned} \tag{69}$$

(69)에서 마지막 식은 $x^2+y^2+z^2+w^2 = r^2+w^2 = R^2$으로부터 $dw^2 = \frac{r^2dr^2}{R^2-r^2}$을 대입한 것입니다. 여기에 시간 요소[33]까지 더하여 시공 거리는 다음과 같습니다.

---

32) 균일하고 등방적 우주 모형으로는 구면 외에도 쌍곡면 또는 유클리드 공간(평평한 공간)도 가능하다. 그리고 이 셋은 임계밀도의 비 ρ/ρ_c 값에 따라 정해진다.

33) '우주 시간'은 시간에 따라 달라지는 '우주 공간 전체의 공통적인 성질'을 대표할 수 있는 물리량들, 예를 들어 허블 수 $H(t)$, 우주 평균밀도 $\rho(t)$, 우주배경복사 적색편이 $\Delta\lambda(t)$ 등을 기준으로 삼아 우주의 시간을 정할 수 있다.

$$ds^2 = c^2dt^2 - \frac{dr^2}{1-\frac{r^2}{R^2}} - r^2(d\theta^2 + \sin^2\theta\, d\phi^2) \tag{70}$$

위 식은 균일､등방하게 팽창하는 우주의 시공 거리를 나타낸 것으로 **프리드만-르메트르-로버트슨-워커 계량(FLRW metric)**[34] 또는 간단히 **프리드만 계량**이라고 합니다.

구부러진 우주

시공이 어떻게 구부러져 있는가 알아보기 위해서는 한 줄기 빛을 쏘아 그 경로를 따라가 보는 방법이 있습니다. 시공 거리가 (70)으로 주어지는 3차원 구면 우주에서, 빛을 지름 방향으로 쏘았다고 하면 $d\theta = d\phi = 0$이고 빛의 시공 거리 $ds = 0$이므로 빛이 지나는 거리 l은,

$$l = \int c dt = \int_0^R \frac{dr}{\sqrt{1-\frac{r^2}{R^2}}} = \frac{\pi}{2}R \tag{71}$$

위 식에서 R은 구면 우주에서 r의 최댓값에 해당하며 적분은

34) 구면 외에 쌍곡면인 경우는 (70)에서 R^2을 $-R^2$으로, 유클리드 공간은 $R \to \infty$을 대입하면 된다.

$\frac{r}{R} \equiv \sin\chi$로 치환하면 어렵지 않게 얻어집니다. 위 결과를 보면 빛이 지름 방향으로 R만큼 뻗어나갔을 때 실제 지나간 거리는 R보다 긴 $\frac{\pi}{2}R$이 되었는데 그 이유는 공간이 구부러져 있기 때문이지요. 또한 이 경우 원(구면)의 둘레 $2\pi R$을 '반지름 거리' $\frac{\pi}{2}R$로 나눈 값은 4로, 2π보다 작은 값입니다. 이렇듯 원둘레가 $2\pi R$보다 작아진 공간을 양(+)의 곡률을 가졌다고 하며 골무처럼 볼록한 모양으로 그려볼 수 있지요. 곡률이 (+)이면 우주는 닫힌 우주가 되어 공간의 크기가 유한하게 됩니다. 닫힌 우주에서는 빛을 쏘면 충분한 시간이 지난 뒤에는 그 빛이 다시 원래 자리로 돌아오게 되지요. 반대로 음(-)의 곡률을 갖는 공간에서는 원둘레가 $2\pi R$보다 큰 값이 되며 말안장처럼 가장자리로 갈수록 둘레가 더 커지는 모양입니다. 곡률이 (-)이면 열린 우주가 되며 공간의 크기가 무한하게 됩니다. 우주가 닫힌 우주냐 열린 우주냐 하는 문제는 앞서 말했듯 우주의 평균밀도/임계밀도 비로 정해집니다.

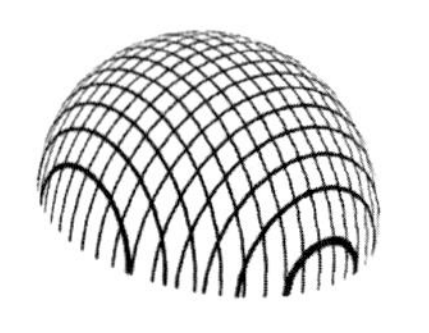

닫힌 우주 (곡률>0)

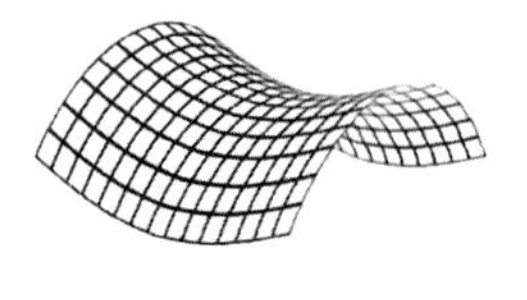

열린 우주 (곡률<0)

#19

우주 지평선 너머

「나는 바닷가에서 노는 어린아이였을 뿐이다. 내가 더 동그란 조약돌과 더 예쁜 조개를 찾는 일에 빠져 있는 동안, 거대한 진리의 바다는 여전히 미지의 상태로 내 눈앞에 펼쳐져 있었다.」

- 아이작 뉴턴(1642-1727)

부풀어 오르는 우주 풍선

앞서 우주 공간의 구부러짐을 논할 때 4차원 구의 반지름 R은 일정하다고 가정하였지요. 이 가정은 우주의 크기가 일정한 정적 우주에서만 성립합니다. 그러나 팽창하는 우주에서는 R을 시간의 함수 $R(t)$로 보아야 합니다. 한편 균일·등방하게 팽창하는 우주에서 임의의 두 거리의 비는 시간이 지나도 일정하므로 $R(t)$와 관련지어 다음과 같이 나타낼 수 있습니다.

$$\frac{l(t_1)}{R(t_1)} = \frac{l(t_2)}{R(t_2)} \equiv \chi \tag{72}$$

여기서 $R(t)$는 우주 시간 t일 때 우주의 크기를 대표하는 **크기 인자**가 되며 l은 **고유 거리**(proper distance), χ는 **공변 거리**(comoving distance)라고 합니다. 풍선에 비유하면, 풍선 표면에 미리 눈금을 그려놓고 풍선을 부풀게 할 때 풍선 반지름 R는 크기 인자이고 눈금의 개수로 헤아린 χ는 공변 거리, 두 눈금 사이의 실제 거리는 고유 거리 l에 해당합니다[그림 23].

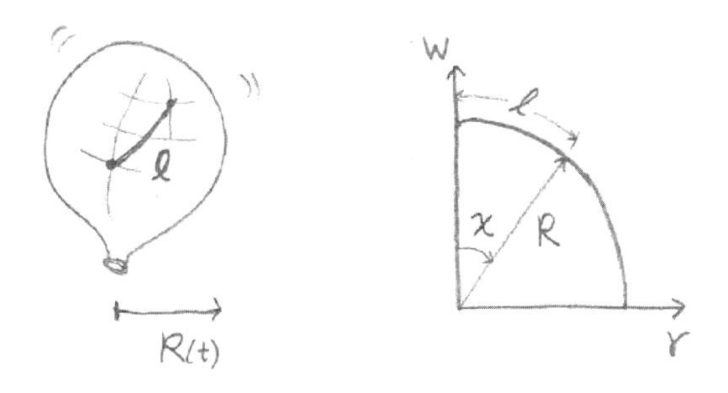

그림 23. 크기 인자 R, 고유거리 l, 공변 거리 χ

앞서 말했듯 공변 거리 χ는 언제나 일정하며 공간의 팽창과 무관하지요. 따라서 시공 거리를 공변 거리 χ로 나타내면 편리합니다. 프리드만 계량의 시공 거리 (70)에서 $r = R\sin\chi$로 놓으면 $dr = R\cos\chi\, d\chi$ (t가 일정할 때)을 대입하여,

$$ds^2 = c^2dt^2 - R(t)^2\left[d\chi^2 + \sin^2\chi\left(d\theta^2 + \sin^2\theta\, d\phi^2\right)\right] \tag{73}$$

위 식은 결국 거리요소 dl^2을 4차원 구좌표(단, $dR = 0$)로 나타낸 것이며 R이 반지름이고 χ, θ, ϕ는 4차원 구의 세 각에 해당하지요.

'관측 가능한 우주'의 크기

우리가 '우주 전체'의 크기를 알 수 있을까요? '우주 전체'라는 말이 '우리가 볼 수 있는 우주 그 이상'까지 포함하는 의미라면 그것은 불가능하겠지요. '장님 코끼리 만지기'라는 말처럼 우리는 우리가 살고 있는 우주의 극히 일부를 더듬어 우주 전체를 그려보고자 애쓰고 있을 뿐입니다. 대신 현대우주론에서는 '관측 가능한 우주'라는 표현을 쓰지요. 이렇게 되면 '우주의 크기'는 이론상 현재 우리가 최대로 멀리 볼 수 있는 우주의 영역은 어디까지인가, 하는 문제가 됩니다. 여기서 '본다'는 것은 빛이나 중력파 등 광속으로 전달되는 신호로 상호작용한다는 의미가 되겠지요.

우주의 시간이 빅뱅으로 시작되어 유한하다고 할 때, '현재 관측 가능한 우주의 크기'는 '빅뱅 초기에 발생한 빛이 지금까지 지나온 거리'로 가늠할 수 있습니다. 여러 가지 증거로 볼 때 빅뱅이 일어난 시점($t = 0$)부터 현재까지는 약 140억 년(t_o)이 지난 것으로 확인되고 있지요. 그렇다면 그동안 빛이 진행한 거리는 $l = ct_o$이므로 관측 가능한 우주의 크기는 140억 광년이라고 생각하기 쉽습니다. 그러나 이는 우주의 팽창을 고려하지 않은 단순 계산이며 틀린 생각이지요. 한편 허블 법칙에 따르면 현재 우주 팽창 속도가 광속이 되는 지점이 $r = \frac{c}{H_o}$(H_o는 현재의 허블상수)이고 "$r = \frac{c}{H_o}$보다 먼 거리에서는 후퇴속도가 광속보다 커져 빛이 도달하지 못한다"고 생각하여 $\frac{c}{H_o}$를 관측 가능한 우주의 크기라 주장하는 의견도 있습니다. 그러나 이 지점에서 발사된 빛은 아직 우리에게 도착하지도 않았으므로 '현재 관측 가능한' 우주가 아니며 빛의 도달 여부 또한 우주 모형과 역사에 따라 달라지므로 이 또한 틀린 생각이지요.

앞서 말했듯 '현재 관측 가능한 우주의 크기'는 '빅뱅 초기에 발생한 빛[35]이 지금까지 지나온 거리'를 우주 팽창을 고려해서 구해야 합니다. 그런데 빛이 지나온 거리 $l = ct$는 우주 팽창으로 계속 달라지고 있으므로 대신 우주 팽창과 무관한 공변 거리 χ로 환산하여 모두 더한 다음 현재의 크기 인자 $R(t_o)$을 곱하여 구합니다.[36]

$$l_o = R(t_o) \int d\chi = R(t_o) \int_o^{t_o} \frac{c\,dt}{R(t)} \qquad (74)$$

그런데 위 식으로 빛이 지나온 거리 l_o를 구하기 위해서는 크기 인자 $R(t)$를 알아야 합니다. $R(t)$는 허블 법칙 $\frac{dR(t)}{dt} = H(t)\,R(t)$으로부터 $H(t)$와 관련되며, 또한 $H(t)$는 (68)에서 우주 평균밀도 ρ와

35) 우주배경복사(CMB). 빅뱅 후 38만 년 즈음에 빛이 더 이상 물질(수소 원자 등)과 산란하지 않고 그대로 온 우주 공간에 퍼진 것으로 파장이 약 2mm이며 오늘날까지 관측되고 있다.

36) 이 계산은 물가가 계속 달라지는 시장경제에서 오래된 물건의 현재 가격을 구하는 문제와 비슷하다. 예를 들어 어떤 부자가 대대로 모은 금 자루를 잃어버리고 금을 구입할 당시의 금액만 알고 있을 때 잃어버린 금의, 현재 가치로 본 총액은 얼마일까? 금의 구입 금액($c\,dt$)을 당시 시세($R(t)$)로 나누어 금의 질량($d\chi = cdt/R(t)$)을 알아내고 이렇게 구한 금의 총질량에 현재 시세($R(t_o)$)를 곱하여 현재 가치로 본 금의 총금액(l_o)을 구할 수 있다.

관련되지요($H^2 \propto \rho$).

$$\frac{\dot{R}(t)}{R(t)} = H(t) \propto \sqrt{\rho} \qquad (75)$$

한편 우주 평균밀도 ρ는 우주 팽창에 따라 변하는데 우주의 주성분이 무엇인가에 따라 변하는 비율이 달라집니다. 만일 물질 위주의 우주라면 밀도는 부피에 반비례하므로 $\rho \propto R^{-3}$이고 (75)에 대입하면 $R(t) = at^{2/3}$을 얻습니다. 빅뱅 초기처럼 빛에너지 위주의 우주라면 $\rho \propto R^{-4}$이며[37] 이때는 $R(t) = a\sqrt{t}$가 됩니다. 최근에 가까울수록 우주는 우주상수(진공에너지) 비율이 커져 현재 70%에 이르지요. 앞으로 우주 평균밀도 ρ가 진공에너지가 대부분이 되면 H가 상수이고 이 경우엔 $R(t) = ae^{Ht}$가 되어 우주가 지수함수로 팽창하는 것을 아무도 막을 수 없게 됩니다[그림 24, 25].

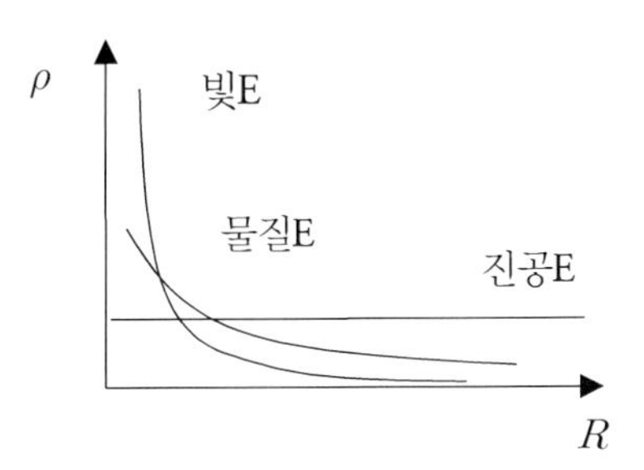

빅뱅 초기에는 빛에너지가 우세하다가 곧 물질 위주 우주가 되고 우주팽창에 따라 진공에너지가 대부분으로 된다.

그림 24. 우주 팽창과 에너지밀도

---

37) 빛에너지는 $\epsilon = pc = hc/\lambda$인데 공간이 팽창할 때 파장이 같이 늘어나므로($\lambda \propto R$) 빛의 에너지밀도는 R^4에 반비례한다.

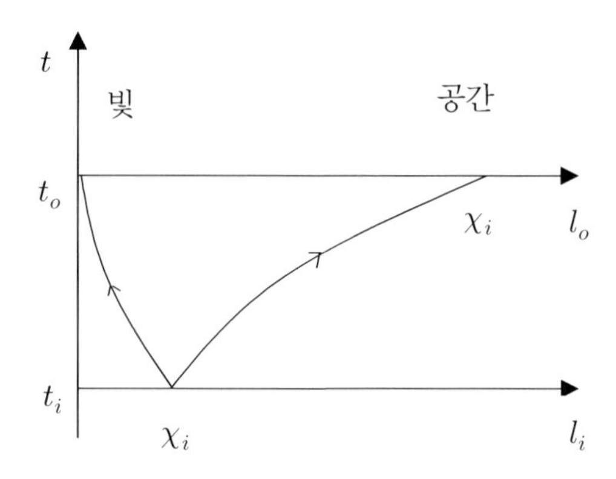

빛이 진행하는 동안 공간은 우주 팽창으로 l_o까지 멀어진다.

그림 25. 빛과 공간의 세계선

다시 (74)로 돌아가서, 지금까지 우주 역사의 대부분이 물질 위주 우주라고 가정할 때 l_o를 구해봅시다. $R(t) = at^{2/3}$을 (74)에 대입하면,

$$l_o \;=\; at_o^{-\frac{2}{3}} \int_o^{t_o} \frac{c\,dt}{at_o^{-2/3}} \;=\; 3ct_o \qquad (76)$$

위 식에 따르면, 우주의 아주 먼 곳에서 우주배경복사가 140억 년을 진행하여 지금 지구에 도착했을 때, 이 빛이 처음 출발한 곳은 그 동안 우주 팽창으로 현재 약 520억 광년의 거리로 멀어져 있다는 것이지요[그림 25]. 따라서 '우주 역사를 물질 위주라 가정'할 때 현재 관측 가능한 우주의 크기는 약 520억 광년이 됩니다.

가속 팽창과 우주상수

아인슈타인이 일반상대성이론을 발표한 데 뒤이어 프리드만에 의해 처음 얻어진 우주 모형은 팽창하거나 수축하는 불안정한 우주였지요. 불안정한 우주 모형이 맘에 안 든 아인슈타인은 자신의 방정식에 우주상수 '람다 Λ'를 추가하여 안정한 우주 모형, 바로 **정상우주론**을 만들려고 했습니다. 그러나 곧이어 허블이 우주 팽창을 발견하면서 아인슈타인은 자신의 우주상수 아이디어를 '생애 최악의 실수'라 자책하며 철회했다고 하지요.

그런데 그로부터 70년이 지나 1998년, 우주론의 역사에 새로운 반전이 일어났지요. 수십 억 광년 떨어진 초신성들의 밝기를 관측한 결과, 예상된 우주 팽창의 후퇴속도보다 훨씬 더 빠른 속도로 멀어지고 있음이, 다시 말해 우주가 가속 팽창하고 있음이 밝혀진 것입니다. 원래 물질 위주 우주라면 중력 때문에 우주 팽창의 속도는 느려져야 하지요. 그럼에도 우주가 가속 팽창한다는 것은 중력의 작용을 상쇄하고도 남는 가속 팽창의 에너지가 존재함을 의미합니다. 이 에너지의 정체는 아직 수수께끼지만 그 형식은 공간 자체가 갖는 일정한 에너지, 바로 아인슈타인이 말한 우주상수의 꼴임은 이미 밝혀졌습니다. 이로써 아인슈타인과 함께 무덤 속에 묻혔던 우주상수는 다시 화려하게 부활하였으며 이를 두고 어떤 이는 '아인슈타인은 생애 최악의 실수조차 위대했다'고 평하기도 했지요.

우주 '사건의 지평선'

우주상수는 진공 에너지가 시간과 공간에 대해 0이 아닌 일정한 값을 갖는 것을 뜻합니다. 게다가 우주가 가속 팽창을 한다면 에너지를 보태는 것이므로 $\Lambda > 0$이지요. 우주상수에 따른 에너지밀도 ρ_Λ도 상수가 되며 $H \propto \sqrt{\rho}$이므로 허블 수 또한 상수입니다. H가 상수일 때 허블 법칙 $\frac{dR}{dt} = HR$을 만족하는 $R(t)$는 지수함수 꼴입니다.

$$R(t) = R_o e^{H(t-t_o)} \tag{77}$$

여기서 t_o는 현재 우주 시간이고 R_o는 현재 우주의 크기 인자입니다. 우주가 위와 같이 지수함수적인 팽창을 계속하면 아주 먼 은하에서 내비친 빛은 점점 더 빨라지는 공간의 후퇴속도 때문에 우리 은하에 영원히 도달하지 못할 수도 있습니다.

이를 더 자세히 알아봅시다. 어떤 은하에서 지금(t_o) 출발한 빛이 미래 시간(t)까지 진행한 공변 거리 $\chi(t)$는 (74)에 $R(t) = R_o e^{H(t-t_o)}$을 대입하여,

$$\begin{aligned} \chi(t) &= \int_{t_o}^{t} \frac{c\,dt}{R_o e^{H(t-t_o)}} \\ &= \frac{c}{R_o H}\left[1 - e^{-H(t-t_o)}\right] \end{aligned} \tag{78}$$

이 경우 빛이 최대한 나아갈 수 있는 공변 거리는 유한하여 $\chi(t) \leq \frac{c}{R_o H}$이며 이를 현재의 고유 거리로 환산하면,

$$l_{\max} = R_o \chi_{\max} = \frac{c}{H_o} \tag{79}$$

이 되며 이때 $\frac{c}{H_o} \approx 140$억 광년을 **허블 거리** d_H라 하지요. 위 결과에 따르면 가속 팽창하는 우주에서 현재 $\frac{c}{H_o} \approx 140$억 광년보다 먼 거리에서 내비친 빛은 우주 팽창의 역사에서 영원히 우리에게 도달할 수 없으며 또한 우리 은하에서 내비친 빛 또한 허블 거리 너머에는 영원히 가닿을 수 없다는 것이지요. 이것은 블랙홀 안쪽이 '사건의 지평선'으로 차단되어 우리가 들여다볼 수 없는 것과 비슷하지요. 이런 뜻에서 $d_H = \frac{c}{H}$를 '**우주 사건의 지평선**'이라 부릅니다.

우주는 거대한 블랙홀?

우리 우주 안에 존재하는 블랙홀들은 그 부근에서 나오는 전파, X선, 중력파와 중력렌즈 효과 등에 의해 이미 수없이 확인되고 있지요. 블랙홀이 되기 위한 조건은 식 (64) $r_s = \frac{2GM}{c^2}$, 즉 질량 M이 슈바르츠실트 반지름 r_s의 구 안에 모여 있는 것입니다. 블랙홀의 가장 흔

한 유형인 사그라지는 별이 뭉쳐져 만들어지는 블랙홀(항성형 블랙홀)의 밀도는 지구 평균밀도의 10^{15}배에 이를 만큼 어마어마하지요. 그렇다면 거의 텅 빈 듯이 보이는 우주는 밀도가 너무 작아 블랙홀이 되는 것은 불가능하지 않을까요? 꼭 그렇지는 않습니다. 균일한 밀도를 갖는 우주에서 $M \propto r^3$ ($M = \frac{4\pi}{3} r^3 \rho$)으로 커지고 한편 블랙홀의 조건은 $r_s \propto M$ ($r = \frac{2GM}{c^2}$)이므로 로 두 조건을 모두 만족하는 적당한 거리 $r_s = \sqrt{\frac{3c^2}{8\pi G\rho}}$가 존재하게 됩니다[그림 26].

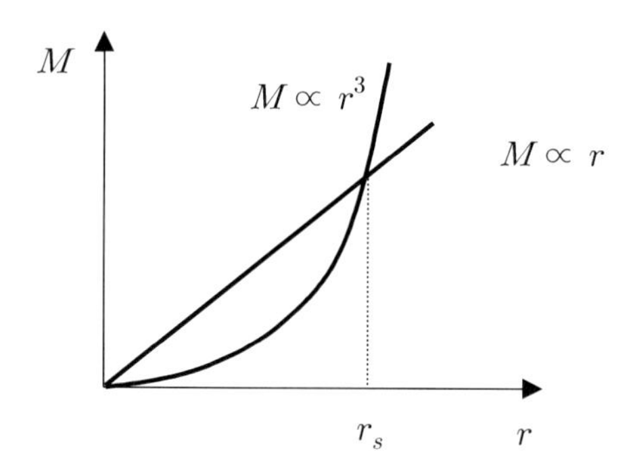

그림 26. 균일한 밀도의 우주에서 블랙홀 반지름

한편 r_s를 (68)의 임계밀도 $\rho_c = \frac{3H^2}{8\pi G}$로 나타내면 다음과 같습니다.

$$r_s = \sqrt{\frac{3c^2}{8\pi G\rho}} = \frac{c}{H}\sqrt{\frac{\rho_c}{\rho}} = d_H\sqrt{\frac{\rho_c}{\rho}} \qquad (80)$$

위 식을 보면, 우주 평균밀도 ρ가 임계밀도 ρ_c보다 크면 $r_s < d_H$

여서 허블 거리 $d_H \approx 140$억 광년 이내에서 블랙홀 반지름을 갖게 되는 것을 알 수 있습니다. 그리고 이 경우, 우주는 닫힌 우주가 되므로 우주 사건의 지평선은 없으며 유한한 시간 안에 우주 대수축이 일어나 하나의 특이점으로 끝나게 됩니다. 반대로 $\rho < \rho_c$이면 영원히 팽창하는 열린 우주가 되며 $d_H < r_s$, 즉 블랙홀 반지름에 도달하기 전에 우주 사건의 지평선이 먼저 나타나서 바깥 우주와 분리되며 블랙홀 반지름이 되는 거리는 사건의 지평선 밖으로 영원히 멀어집니다.

우주 평균밀도 ρ가 임계밀도 ρ_c와 같아지면 $r_s = d_H$, 바로 허블 거리 $d_H \approx 140$억 광년에서 블랙홀 반지름을 가진다는 것을 알 수 있습니다. 다시 말해, 우리 우주를 허블 거리의 '밖'에서 보았을 때는 하나의 거대 블랙홀로 여겨질 수 있다는 것이지요. 한편 허블 거리 d_H는 지수함수로 팽창하는 우주에서는 우주 사건의 지평선이기도 합니다. 허블 거리 밖에서 내비친 빛은 영원히 우리에게 도달할 수 없지요. 따라서 우리는 허블 거리 밖의 우주와는 영원히 단절된 세계를 살아가게 됩니다. 그렇지만 블랙홀의 경우가 그렇듯 우주 사건의 지평선에도 따로 특별한 표지판이나 차단벽이 있는 건 아니지요. 특이점만 아니라면 시공 자체는 어디서나 매끈하게 이어져 있습니다.

우리 우주는 수많은 블랙홀을 품고 있고 또 부풀어 오르는 우리 우주의 '밖'으로는 우주 지평선이 가로놓여 있습니다. 결국 우리는 블랙홀 사건의 지평선과 우주 사건의 지평선 사이에 존재하는 셈이지요. 그리고 다시 그 안과 밖으로도 얼마나 많은 지평선이 놓여 있을지는 알지 못하지요.

<상대성이론에 이르는 길> 끝.

#Outro

이미지, 수학, 대칭성…

이미지

삶의 경험에서 언뜻언뜻 다가오는 풍경들이 있다. 흐르는 강물, 수면 위에 퍼지는 물결, 부풀어 오르는 풍선, 끝없이 이어지는 기찻길, 차창으로 바라보이는 풍경, 밤하늘에 반짝이는 별빛들…. 이런 이미지들은 단번에 이해되진 않으면서도 우리 뇌리에 잊히지 않는 강렬한 인상으로 남아 있다. 그 이유는 무엇일까? 자연이 감추고 있는 어떤 비밀들을 은연중 드러내고 있기 때문이 아닐까.

삶의 장면 장면에서 마주치는 이런 이미지들을 좇다 보면 문득 이 모든 것들이 자연과 우주에 내재한 물리 법칙이나 개념들과 연관되어 있음을 알아차리게 된다. 소년 시절의 아인슈타인이 빛의 속도로 빛을 쫓아가면 어떻게 보일까를 그려보면서 훗날 상대성이론의 실마리를 찾은 것처럼. 아인슈타인은 지식보다 상상력이 중요하다고도 했다. 상상력-imagination의 재료가 바로 우리가 살아가는 장면에서 마주치는 이미지들이 아닐까. 이 책에서는 상대론과 우주론의 주요 개념들을 삶의 이미지들과 관련지어 그려보고자 했다.

수학

하지만 이미지만으로 자연의 비밀을 온전하게 알아내긴 어려울 것이다. 시인은 글로 화가는 그림으로 삶과 자연을 노래하고 그리지만 물리학자는 수학의 언어로 자연을 그린다. 상대성이론은 결국 시공간과 물리량의 달라짐을 구체적인 수식으로 나타낸 것이다. 게다가 일반상대성이론은 대학 수준 이상의 어려운 수학을 사용한다. 수학에 익숙지 않은 우리가 고급수학으로 표현된 물리 이론들을 온전히 이해할 수 있을까? 이러한 난점으로 상대성이론을 설명하는 많은 대중교양서들이 수식을 거의 안 쓰고도 그림과 개념만으로 상대성이론을 이해할 수 있는 것처럼 포장되어 있기는 하다. 그럴 수만 있다면 좋겠다.

그러나 녹슨 자전거를 타고 갑자기 하늘로 떠올라 우주여행을 할 수는 없는 법이다. 상대성이론의 고산준봉을 오르려면 튼튼한 수학의 배낭으로 무장해야 한다. 다만 우리는 아마추어 등산가이다. 정상의 암벽을 오르지는 못하지만 적어도 암벽 바로 코밑까지는 가서 정상을 바라보고 싶은 것이다.

이 길을 이미 지나온 사람은 이렇게 말할 것이다. 특수상대론은 중학 수준의 수학으로 충분하다. 하지만 일반상대론은 어쩔 것인가! 텐서? 미분기하? 이 자리에서 기죽은 얼굴로 돌아서 내려갈 것인가? 다행히 우리에겐 아인슈타인의 선물, 등가원리가 있다! 등가원리와 상대성원리의 밧줄을 꽉 잡고 측지선 ds를 따라 한 발 한 발 오르다 보면 어느새 일반상대론의 봉우리도 높기만 한 것은 아님을…. 과연 그 여정이 성공적이었기를!

대칭성

이 책의 전체를 수미일관하게 꿰뚫고 있는 하나의 개념이 있다. 바로 **대칭성**이다. 대칭성은 이미 우리에게 이미지로 나타나고 숙고된 후에 수학으로 표현된다. 사실 대칭성의 개념은 상대성이론뿐 아니라 물리학의 전 분야를 망라하여 가장 중요한 개념이랄 수 있다. 특히 상대성이론에서는 광속 불변과 상대성원리에 바탕을 둔 **로렌츠 대칭성**, 그리고 등가원리에 바탕을 둔 **공변 대칭성**이 그 뼈대를 이루고 있다. 예를 들어 광속이 왜 일정한가에 대해 맥스웰 전자기학과 마이컬슨-몰리 실험에 근거를 두고 설명할 수 있겠지만 이 책에서는 진공 대칭성에 주목하였다.

예를 들어 **#4**에서 돌이와 순이는 동등한 관성계 관찰자로서 똑같이 '부풀어 오르는 빛 풍선'을 관찰하게 된다는 점에 착안하여 로렌츠 변환을 유도하고 있다. 또한 **#12**에서 상대성원리를 비관성계에 확장한 등가원리를 통해 관성계와 비관성계 간 시공 좌표의 변환을 얻게 되는데 여기서 바탕이 되는 일반 공변 원리 역시 대칭성의 개념이다. 로렌츠 변환을 나타냈던 '시공 삼각형'이 반듯한 삼각형이라면 일반 공변 원리에서의 그것은 찌그러진 삼각형이라는 차이가 있을 뿐이다. 이를 뉴턴 역학의 범위에서 근사하여 고교 수학의 수준에서 풀어보고 이를 토대로 일반상대론의 결과를 짐작하고 의미를 이해하고자 했다. **#17-19**에서도 대칭성의 개념은 앞서 특수상대론의 진공 대칭성의 확장판인 우주 원리로 나타나게 된다.

이 책에서 비교적 많지 않은 분량에 특수상대론, 일반상대론, 우주론 세 가지 주제를 망라해보려고 욕심을 낸 것도 '대칭성'이라는 개념에 주목하면 그래도 하나의 얼개로 얼추 그려볼 수 있지 않을까 하는 생각에서였다.

갈릴레이의 운동의 상대성에서 시작하여 맥스웰 전자기학에서 비롯된 시간과 공간의 상대성, 그리고 아인슈타인의 등가 원리를 날개 삼아 우주로 도약하기까지의 숨 막히는 상대론의 여정은 끊임없이 경계를 뛰어넘어 더 넓은 세계로 나아가는 우리의 근원적 물음의 과정이기도 할 것이다. 우리는 어디에서 왔고 어디로 가고 있는가 하는.

감사의 말

초고를 살펴보고 조언과 격려를 주신 경상대 물리교육과 이강영 교수님, 연세대 물리학과 박성찬 교수님께 감사드립니다. 거친 원고를 다듬어 멋진 책으로 만들어주신 이담북스 여러분의 수고에 감사드립니다.

<상대성이론에 이르는 길>의 여정에 함께 해주신 독자 여러분 감사합니다. 어설픈 안내자의 초행길을 뒤로 하고 여러분은 더욱더 앞으로 나아가기를 바랍니다.

저를 가르쳐주신 모든 선생님들께 감사드립니다. 가난과 고락 속에서 자신의 몫을 십분 양보하여 저에게 배움의 길을 열어준 형, 누이들에게 감사드려요. 더딘 시간을 받아주고 응원해준 아내 현희에게 이 책이 작은 선물이 되었으면 합니다.

2020. 10.

참고 문헌

아인슈타인, 상대성의 특수이론과 일반이론, 이주명 옮김, 필맥, 2012.
A. Einstein, On the Electrodynamics of Moving Bodies, Translation by G. B. Jeffery and W. Perrett, 1923.
W. Pauli, Theory of Relativity, Dover, 1981.
L. D. Landau and E. M. Lifshitz, The Classical Theory of Fields, BH, 1975.
Steven Weinberg, Gravitation and Cosmology, WILEY, 1972.
en.wikipedia.org/wiki/Theory_of_relativity
en.wikipedia.org/wiki/Physical_cosmology

김기혁

서울대 물리교육과(학사), 물리학과(석사)를 졸업하고 경기북과학고 등 여러 학교에서 물리를 가르쳤다. 과학고에 근무하면서 학생들에게 〈상대론 및 우주론 특강〉을 몇 해 진행한 계기로 이 책을 쓰게 되었다.

상대성이론에 이르는 길

초판인쇄 2020년 10월 23일
초판발행 2020년 10월 23일

지은이 김기혁
펴낸이 채종준
펴낸곳 한국학술정보㈜
주소 경기도 파주시 회동길 230(문발동)
전화 031) 908-3181(대표)
팩스 031) 908-3189
홈페이지 http://ebook.kstudy.com
전자우편 출판사업부 publish@kstudy.com
등록 제일산-115호(2000. 6. 19)

ISBN 979-11-6603-164-9 03420